Praxis Impulse

Marco Bettner und Erik Dinges (Hrsg.)

Vertretungsstunden Mathematik

Schnell und klar für die Klassen 1 und 2

westermann®

Druck A[1] / Jahr 2009

Lektorat: Dr. Heike Bütow
Illustrationen: Barbara Schneider-Rank
Umschlaggestaltung: PER Medien+Marketing GmbH, Braunschweig/Barbara Schneider-Rank
Herstellung und Satz: PER Medien+Marketing GmbH, Braunschweig
Druck und Bindung: westermann druck GmbH, Braunschweig

ISBN 978-3-14-**163048**-0

Inhalt

Vorwort 6

Kopiervorlagen Klasse 1
Mathematische Grunderfahrungen
Kopiervorlage 1a: Tafelbild/Folienbild Linien 7
Kopiervorlage 1b: Arbeitsblatt Linien 8
Kopiervorlage 1c: Lösungen zum Arbeitsblatt 1b 9
Kopiervorlage 2a: Tafelbild/Folienbild Wiedererkennen von Gesichtern 10
Kopiervorlage 2b: Arbeitsblatt Wiedererkennen von Gesichtern 11
Kopiervorlage 2c: Lösungen zum Arbeitsblatt 2b 12
Kopiervorlage 3a: Tafelbild/Folienbild Zusammenhänge herstellen 13
Kopiervorlage 3b: Arbeitsblatt Zusammenhänge herstellen 14
Kopiervorlage 3c: Lösungen zum Arbeitsblatt 3b 15
Zahlen und Zahlraumvorstellung
Kopiervorlage 4a: Tafelbild/Folienbild Ziffern schreiben 16
Kopiervorlage 4b: Arbeitsblatt Ziffern schreiben 17
Kopiervorlage 4c: Lösungen zum Arbeitsblatt 4b 18
Kopiervorlage 5a: Tafelbild/Folienbild Simultane Mengenerfassung bis 10 19
Kopiervorlage 5b: Arbeitsblatt Simultane Mengenerfassung bis 10 20
Kopiervorlage 5c: Lösungen zum Arbeitsblatt 5b 21
Kopiervorlage 6a: Tafelbild/Folienbild Darstellung von Zahlen 22
Kopiervorlage 6b: Arbeitsblatt Darstellung von Zahlen 23
Kopiervorlage 6c: Lösungen zum Arbeitsblatt 6b 24
Kopiervorlage 7a: Tafelbild/Folienbild Zahlenvergleiche bis 20 25
Kopiervorlage 7b: Arbeitsblatt Zahlenvergleiche bis 20 26
Kopiervorlage 7c: Lösungen zum Arbeitsblatt 7b 27
Kopiervorlage 8a: Tafelbild/Folienbild Der Zahlenstrahl 28
Kopiervorlage 8b: Arbeitsblatt Der Zahlenstrahl 29
Kopiervorlage 8c: Lösungen zum Arbeitsblatt 8b 30
Grundrechenarten
Kopiervorlage 9a: Tafelbild/Folienbild Rechnen bis 10 31
Kopiervorlage 9b: Arbeitsblatt Rechnen bis 10 32
Kopiervorlage 9c: Lösungen zum Arbeitsblatt 9b 33
Kopiervorlage 10a: Tafelbild/Folienbild Zerlegungsaufgaben 34
Kopiervorlage 10b: Arbeitsblatt Zerlegungsaufgaben 35
Kopiervorlage 10c: Lösungen zum Arbeitsblatt 10b 36
Kopiervorlage 11a: Tafelbild/Folienbild Rechnen bis 20 37
Kopiervorlage 11b: Arbeitsblatt Rechnen bis 20 38
Kopiervorlage 11c: Lösungen zum Arbeitsblatt 11b 39
Kopiervorlage 12a: Tafelbild/Folienbild Platzhalteraufgaben 40
Kopiervorlage 12b: Arbeitsblatt Platzhalteraufgaben 41
Kopiervorlage 12c: Lösungen zum Arbeitsblatt 12b 42
Kopiervorlage 13a: Tafelbild/Folienbild Rechnen bis 10 43
Kopiervorlage 13b: Arbeitsblatt Rechnen bis 10 44
Kopiervorlage 13c: Lösungen zum Arbeitsblatt 13b 45
Kopiervorlage 14a: Tafelbild/Folienbild Zerlegungsaufgaben 46
Kopiervorlage 14b: Arbeitsblatt Zerlegungsaufgaben 47
Kopiervorlage 14c: Lösungen zum Arbeitsblatt 14b 48

Kopiervorlage 15a: Tafelbild/Folienbild Rechnen bis 20 49
Kopiervorlage 15b: Arbeitsblatt Rechnen bis 20 50
Kopiervorlage 15c: Lösungen zum Arbeitsblatt 15b 51
Kopiervorlage 16a: Tafelbild/Folienbild Grundaufgaben bis 20 52
Kopiervorlage 16b: Arbeitsblatt Grundaufgaben bis 20 53
Kopiervorlage 16c: Lösungen zum Arbeitsblatt 16b 54

Größen

Kopiervorlage 17a: Tafelbild/Folienbild Geldbeträge 55
Kopiervorlage 17b: Arbeitsblatt Geldbeträge 56
Kopiervorlage 17c: Lösungen zum Arbeitsblatt 17b 57
Kopiervorlage 18a: Tafelbild/Folienbild Rechnen mit Geld 58
Kopiervorlage 18b: Arbeitsblatt Rechnen mit Geld 59
Kopiervorlage 18c: Lösungen zum Arbeitsblatt 18b 60
Kopiervorlage 19a: Tafelbild/Folienbild Die Wochentage 61
Kopiervorlage 19b: Arbeitsblatt Die Wochentage 62
Kopiervorlage 19c: Lösungen zum Arbeitsblatt 19b 63
Kopiervorlage 20a: Tafelbild/Folienbild Volle Stunden 64
Kopiervorlage 20b: Arbeitsblatt Volle Stunden 65
Kopiervorlage 20c: Lösungen zum Arbeitsblatt 20b 66

Sachaufgaben

Kopiervorlage 21a: Tafelbild/Folienbild Bestimmen von Anzahlen 67
Kopiervorlage 21b: Arbeitsblatt Bestimmen von Anzahlen 68
Kopiervorlage 21c: Lösungen zum Arbeitsblatt 21b 69

Geometrie

Kopiervorlage 22a: Tafelbild/Folienbild Erkennen von Grundformen 70
Kopiervorlage 22b: Arbeitsblatt Erkennen von Grundformen 71
Kopiervorlage 22c: Lösungen zum Arbeitsblatt 22b 72
Kopiervorlage 23a: Tafelbild/Folienbild Lagebeziehungen 73
Kopiervorlage 23b: Arbeitsblatt Lagebeziehungen 74
Kopiervorlage 23c: Lösungen zum Arbeitsblatt 23b 75

Kopiervorlagen Klasse 2

Zahlen und Zahlraumvorstellung

Kopiervorlage 24a: Tafelbild/Folienbild Darstellung von Zahlen 76
Kopiervorlage 24b: Arbeitsblatt Darstellung von Zahlen 77
Kopiervorlage 24c: Lösungen zum Arbeitsblatt 24b 78
Kopiervorlage 25a: Tafelbild/Folienbild Das Hunderterfeld 79
Kopiervorlage 25b: Arbeitsblatt Das Hunderterfeld 80
Kopiervorlage 25c: Lösungen zum Arbeitsblatt 25b 81
Kopiervorlage 26a: Tafelbild/Folienbild Zahlennachbarn 82
Kopiervorlage 26b: Arbeitsblatt Zahlennachbarn 83
Kopiervorlage 26c: Lösungen zum Arbeitsblatt 26b 84
Kopiervorlage 27a: Tafelbild/Folienbild Der Zahlenstahl 85
Kopiervorlage 27b: Arbeitsblatt Der Zahlenstrahl 86
Kopiervorlage 27c: Lösungen zum Arbeitsblatt 27b 87

Grundrechenarten

Kopiervorlage 28a: Tafelbild/Folienbild Rechnen mit Zehnerzahlen 88
Kopiervorlage 28b: Arbeitsblatt Rechnen mit Zehnerzahlen 89
Kopiervorlage 28c: Lösungen zum Arbeitsblatt 28b 90
Kopiervorlage 29a: Tafelbild/Folienbild Ergänzungsaufgaben 91
Kopiervorlage 29b: Arbeitsblatt Ergänzungsaufgaben 92
Kopiervorlage 29c: Lösungen zum Arbeitsblatt 29b 93
Kopiervorlage 30a: Tafelbild/Folienbild Halbschriftliches Rechnen 94
Kopiervorlage 30b: Arbeitsblatt Halbschriftliches Rechnen 95
Kopiervorlage 30c: Lösungen zum Arbeitsblatt 30b 96

Kopiervorlage 31a: Tafelbild/Folienbild Rechnen am Zahlenstrahl 97
Kopiervorlage 31b: Arbeitsblatt Rechnen am Zahlenstrahl 98
Kopiervorlage 31c: Lösungen zum Arbeitsblatt 31b 99
Kopiervorlage 32a: Tafelbild/Folienbild Schrittweises Rechnen 100
Kopiervorlage 32b: Arbeitsblatt Schrittweises Rechnen 101
Kopiervorlage 32c: Lösungen zum Arbeitsblatt 32b 102
Kopiervorlage 33a: Tafelbild/Folienbild Ein-Mal-Eins-Reihen 2 und 4..................... 103
Kopiervorlage 33b: Arbeitsblatt Ein-Mal-Eins-Reihen 2 und 4 104
Kopiervorlage 33c: Lösungen zum Arbeitsblatt 33b 105
Kopiervorlage 34a: Tafelbild/Folienbild Gemischte Übungen 106
Kopiervorlage 34b: Arbeitsblatt Gemischte Übungen 107
Kopiervorlage 34c: Lösungen zum Arbeitsblatt 34b 108

Größen

Kopiervorlage 35a: Tafelbild/Folienbild Ordnen von Geldwerten.......................... 109
Kopiervorlage 35b: Arbeitsblatt Ordnen von Geldwerten 110
Kopiervorlage 35c: Lösungen zum Arbeitsblatt 35b 111
Kopiervorlage 36a: Tafelbild/Folienbild Geldbeträge darstellen 112
Kopiervorlage 36b: Arbeitsblatt Geldbeträge darstellen 113
Kopiervorlage 36c: Lösungen zum Arbeitsblatt 36b 114
Kopiervorlage 37a: Tafelbild/Folienbild Schätzen und Messen rund um den Meter 115
Kopiervorlage 37b: Arbeitsblatt Schätzen und Messen rund um den Meter.................. 116
Kopiervorlage 37c: Lösungen zum Arbeitsblatt 37b 117
Kopiervorlage 38a: Tafelbild/Folienbild Messen und Zeichnen von Zentimetern............. 118
Kopiervorlage 38b: Arbeitsblatt Messen und Zeichnen von Zentimetern.................... 119
Kopiervorlage 38c: Lösungen zum Arbeitsblatt 38b 120
Kopiervorlage 39a: Tafelbild/Folienbild Meter und Zentimeter 121
Kopiervorlage 39b: Arbeitsblatt Meter und Zentimeter 122
Kopiervorlage 39c: Lösungen zum Arbeitsblatt 39b 123
Kopiervorlage 40a: Tafelbild/Folienbild Der Kalender................................... 124
Kopiervorlage 40b: Arbeitsblatt Der Kalender.. 125
Kopiervorlage 40c: Lösungen zum Arbeitsblatt 40b 126
Kopiervorlage 41a: Tafelbild/Folienbild Uhrzeiten...................................... 127
Kopiervorlage 41b: Arbeitsblatt Uhrzeiten.. 128
Kopiervorlage 41c: Lösungen zum Arbeitsblatt 41b 129

Sachaufgaben

Kopiervorlage 42a: Tafelbild/Folienbild Rechengeschichten 130
Kopiervorlage 42b: Arbeitsblatt Rechengeschichten...................................... 131
Kopiervorlage 42c: Lösungen zum Arbeitsblatt 42b 132
Kopiervorlage 43a: Tafelbild/Folienbild Frage – Rechnung - Antwort 133
Kopiervorlage 43b: Arbeitsblatt Frage – Rechnung – Antwort.............................. 134
Kopiervorlage 43c: Lösungen zum Arbeitsblatt 43b 135

Geometrie

Kopiervorlage 44a: Tafelbild/Folienbild Erkennen von Grundformen 136
Kopiervorlage 44b: Arbeitsblatt Erkennen von Grundformen............................... 137
Kopiervorlage 44c: Lösungen zum Arbeitsblatt 44b 138
Kopiervorlage 45a: Tafelbild/Folienbild Flächen und Muster 139
Kopiervorlage 45b: Arbeitsblatt Flächen und Muster 140
Kopiervorlage 45c: Lösungen zum Arbeitsblatt 45b 141
Kopiervorlage 46a: Tafelbild/Folienbild Zusammengesetze Körper 142
Kopiervorlage 46b: Arbeitsblatt Zusammengesetze Körper 143
Kopiervorlage 46c: Lösungen zum Arbeitsblatt 46b 144

Vorwort

Das ist typischer Schulalltag: In aller Regelmäßigkeit müssen Lehrkräfte (oft auch sehr kurzfristig) Vertretungsunterricht durchführen, sei es in der Form, dass Kinder aus anderen Klassen aufgeteilt werden oder die Lehrkräfte selbst Vertretungsstunden in „fremden" Klassen halten.
In beiden Fällen muss das Material für einen reibungslosen und effektiven Ablauf klar und gut durchstrukturiert sein. Die vorliegende Veröffentlichung versucht Sie an dieser Stelle zu unterstützen und bietet schnell vorbereitete, einfach zu handhabende und gewinnbringende Unterrichtsmaterialien in Form von Arbeitsblättern und Tafelbildern bzw. Folieneinstiegen an. Dabei sind alle Themen an den Lehrplänen und Bildungsstandards des jeweiligen Fachs orientiert. Auch und gerade für fachfremd unterrichtende Lehrkräfte stellt dieses Buch einen fachlich und didaktisch Zugang zu eventuell weniger bekannten Themengebieten dar.

Die Materialien sind praxisgetestet und haben uns für die Vorbereitung und Durchführung von Vertretungsstunden äußerst nützliche Arbeit geleistet.

Dabei ist das in der Veröffentlichung durchgängig praktizierte Prinzip des Dreiklangs zwischen Tafelbild/Folienbild, Arbeitsblatt und Lösungsblatt hervorzuheben. Anbei einige Anmerkungen zu diesen drei Komponenten.

Tafelbild/Folienbild

Zu Beginn der Stunde wird eine Thematik per Tafelbild oder Folienbild gemeinsam mit den Schülern besprochen, erarbeitet oder auch wiederholt. Der Grad des eigenständigen Erarbeitens kann in diesem Zusammenhang von der Lehrkraft selbst bestimmt werden. Oft kann der angebotene Folieneinstieg oder das Tafelbild auch von den Schülerinnen und Schülern komplett eigenständig bearbeitet werden. Auf jeden Fall stellt die Einstiegsphase eine wichtige inhaltliche Voraussetzung für die nachfolgende Phase, in welcher das Arbeitsblatt bearbeitet bzw. die Thematik geübt und vertieft werden soll, dar.

Arbeitsblatt

Das Arbeitsblatt bietet zahlreiche Möglichkeiten, um den gelernten Wissensstoff weiter zu festigen und intensiver zu durchdringen. Dabei werden zunächst zahlreiche Aufgaben auf einem reproduktiven Anforderungsniveau angeboten. Am Ende des Arbeitsblattes erhalten die Schülerinnen und Schüler die Möglichkeit, ihre Kompetenzen weiter auszuarbeiten.

Alle Arbeitsblätter sind so konzipiert, dass eine 45-minütige Unterrichtssequenz sinnvoll und komplett ausgefüllt wird.

Lösungen

Sowohl für die Schülerinnen und Schüler als auch für die (eventuell fachfremde) Lehrkraft wird am Ende jedes Themas ein Lösungsblatt angeboten.

Dieses Heft beinhaltet die folgenden Themenbereiche:

- **Zahlen und Zahlraumvorstellung im 1. und 2. Schuljahr**
- **Grundrechenarten im 1. und 2. Schuljahr**
- **Größen im 1. und 2. Schuljahr**
- **Sachaufgaben im 1. und 2. Schuljahr**
- **Geometrie im 1. und 2. Schuljahr**

Marco Bettner und Dr. Erik Dinges

Linien

1. Linien nachfahren.
2. Geschlossene Felder anmalen.

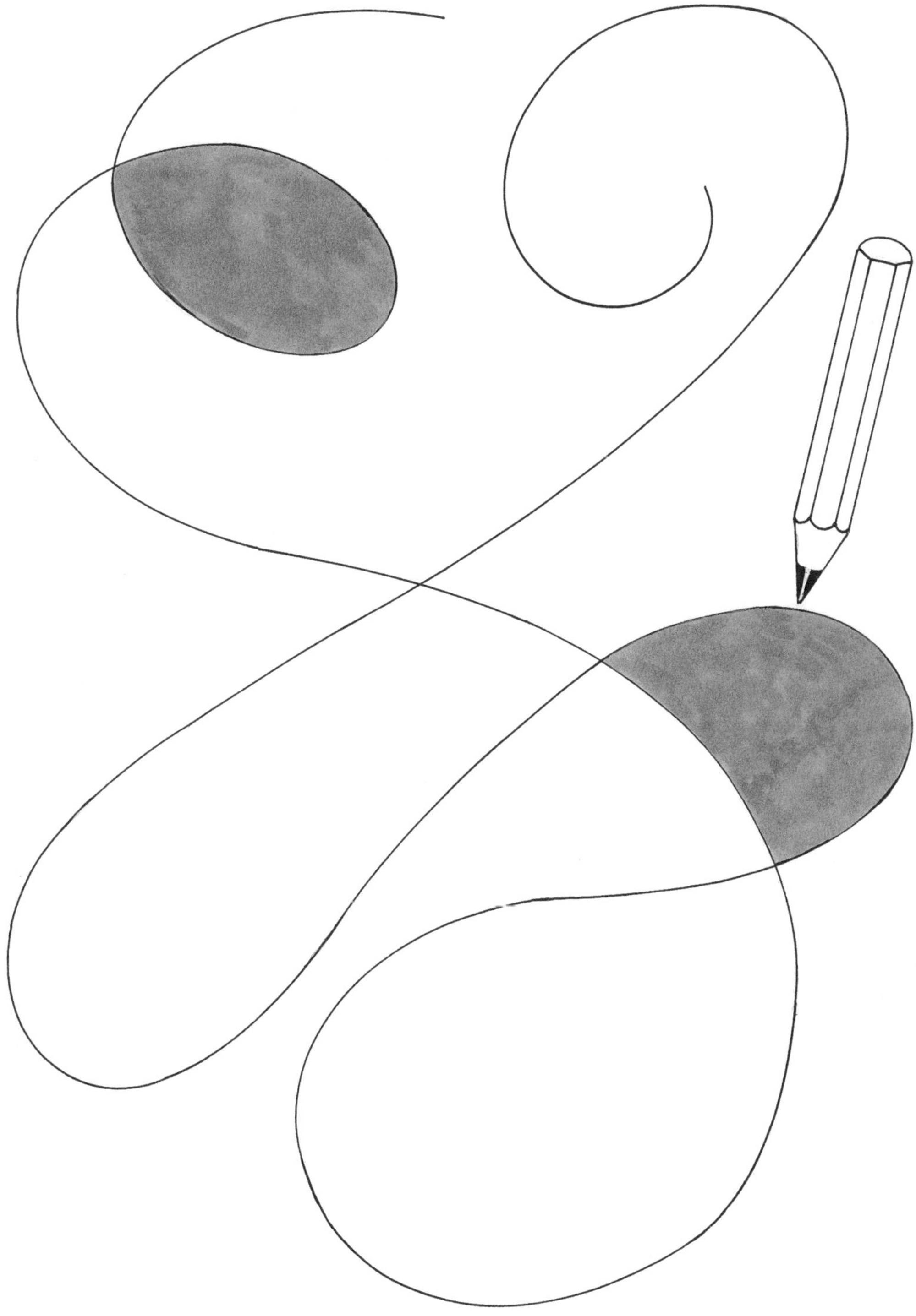

Linien

1. Linien nachfahren und geschlossene Felder anmalen.

Linien

1. Linien nachfahren und geschlossene Felder anmalen.

Wiedererkennen von Gesichtern

1 2 3 4

Wiedererkennen von Gesichtern

1

2

3

4

4

Wiedererkennen von Gesichtern

Zusammenhänge herstellen

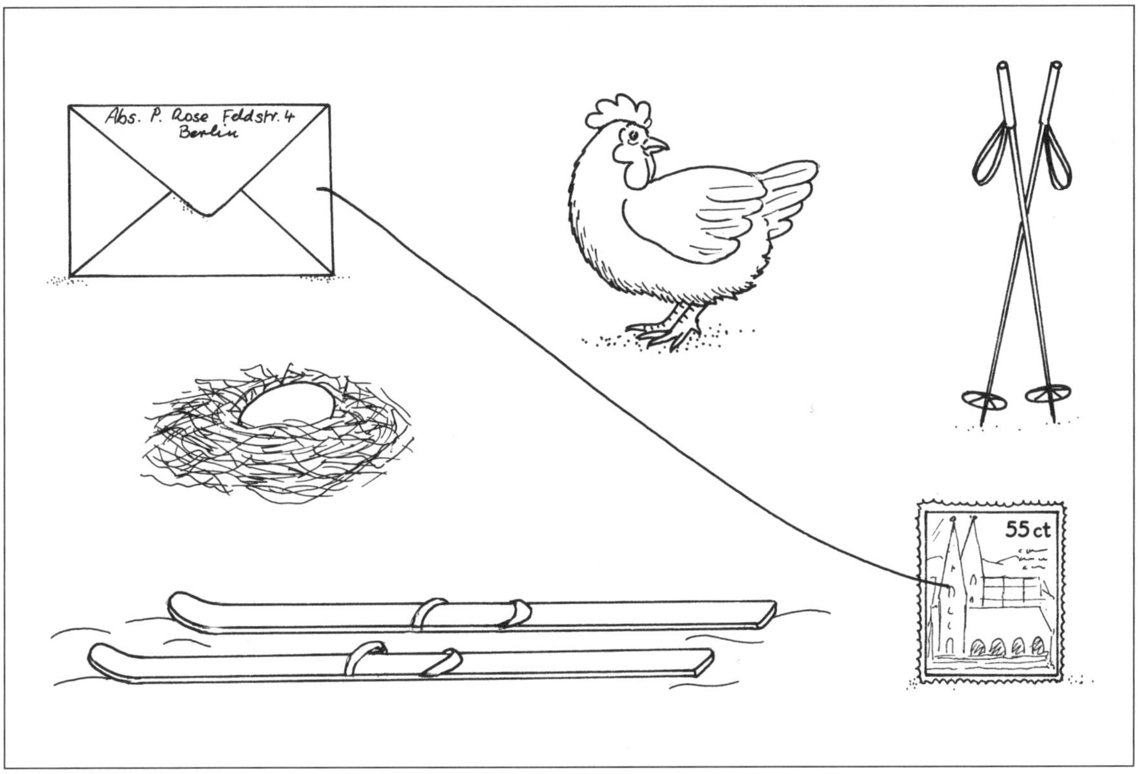
Abs. P. Rose Feldstr. 4
Berlin
55 ct

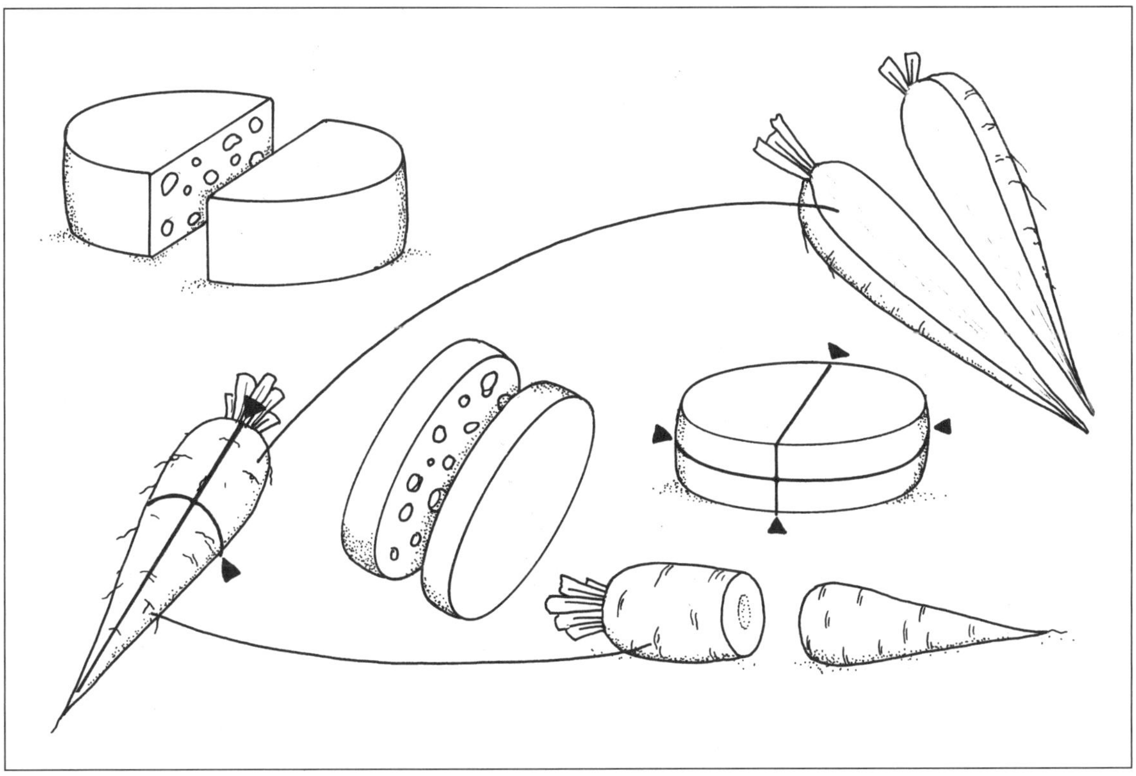

Zusammenhänge herstellen

Zusammenhänge herstellen

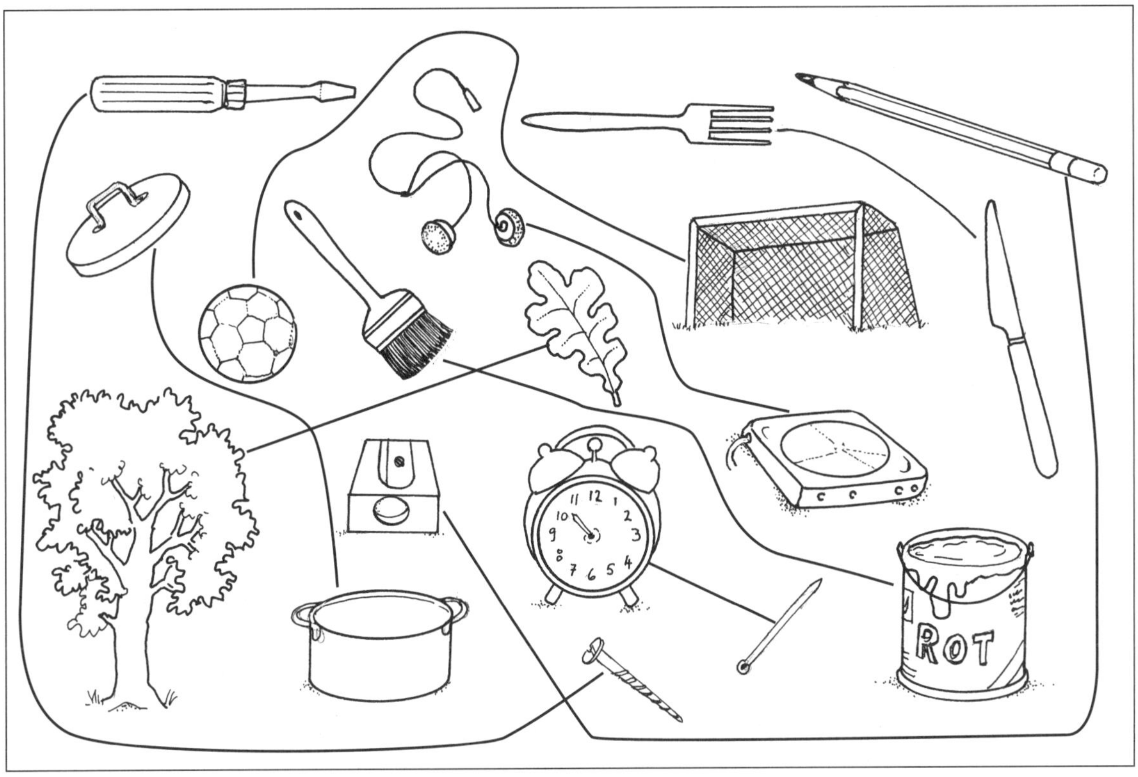

Ziffern schreiben

Ziffern schreiben

1. Schreibe die Ziffern.

1	1	1
2		
3		
4		
5		
6		

Ziffern schreiben

1. Schreibe die Ziffern.

1	1	1	1	1	1	1	1	1		
	1	1	1	1	1	1	1	1	1	1
2	2	2	2	2	2	2	2	2		
	2	2	2	2	2	2	2	2	2	2
3	3	3	3	3	3	3	3	3		
	3	3	3	3	3	3	3	3	3	3
4	4	4	4	4	4	4	4	4		
	4	4	4	4	4	4	4	4	4	4
5	5	5	5	5	5	5	5	5		
	5	5	5	5	5	5	5	5	5	5
6	6	6	6	6	6	6	6	6		
	6	6	6	6	6	6	6	6	6	6

Simultane Mengenerfassung bis 10

1. Wie viele?

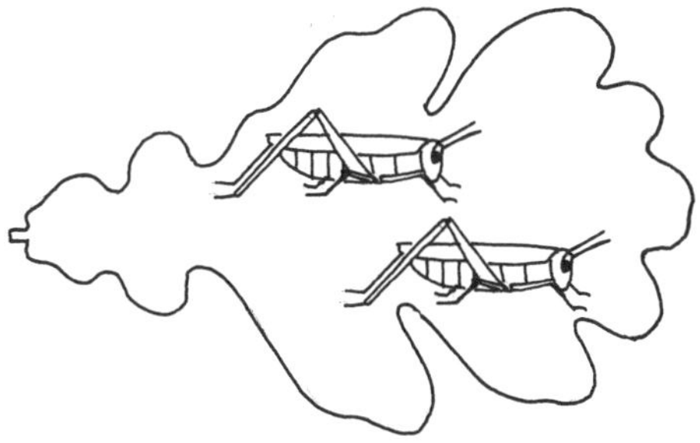

Simultane Mengenerfassung bis 10

1. Wie viele Punkte hat jeder Käfer?
Finde dies heraus ohne zu zählen.

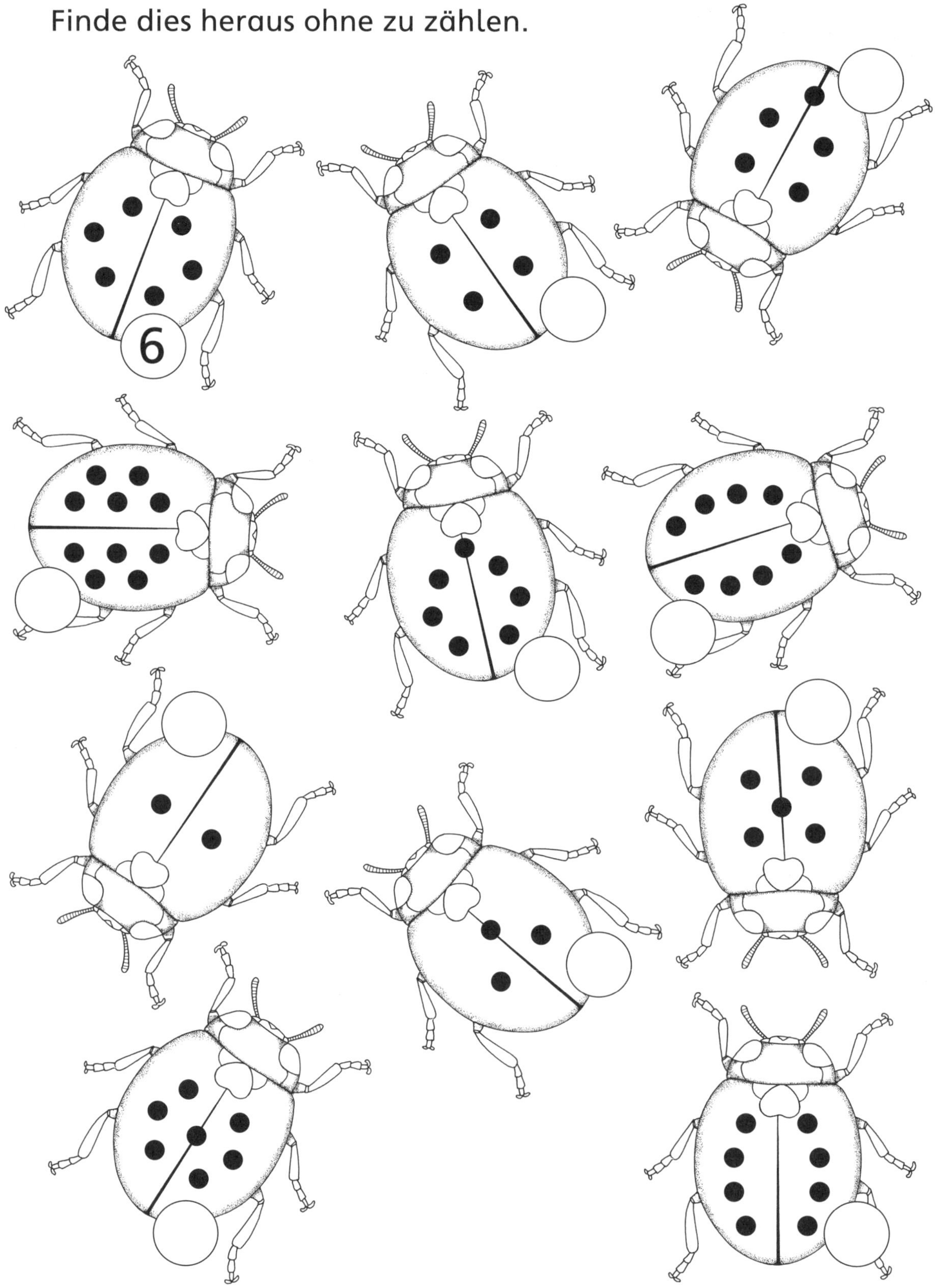

Simultane Mengenerfassung bis 10

1. Wie viele Punkte hat jeder Käfer?
Finde dies heraus ohne zu zählen.

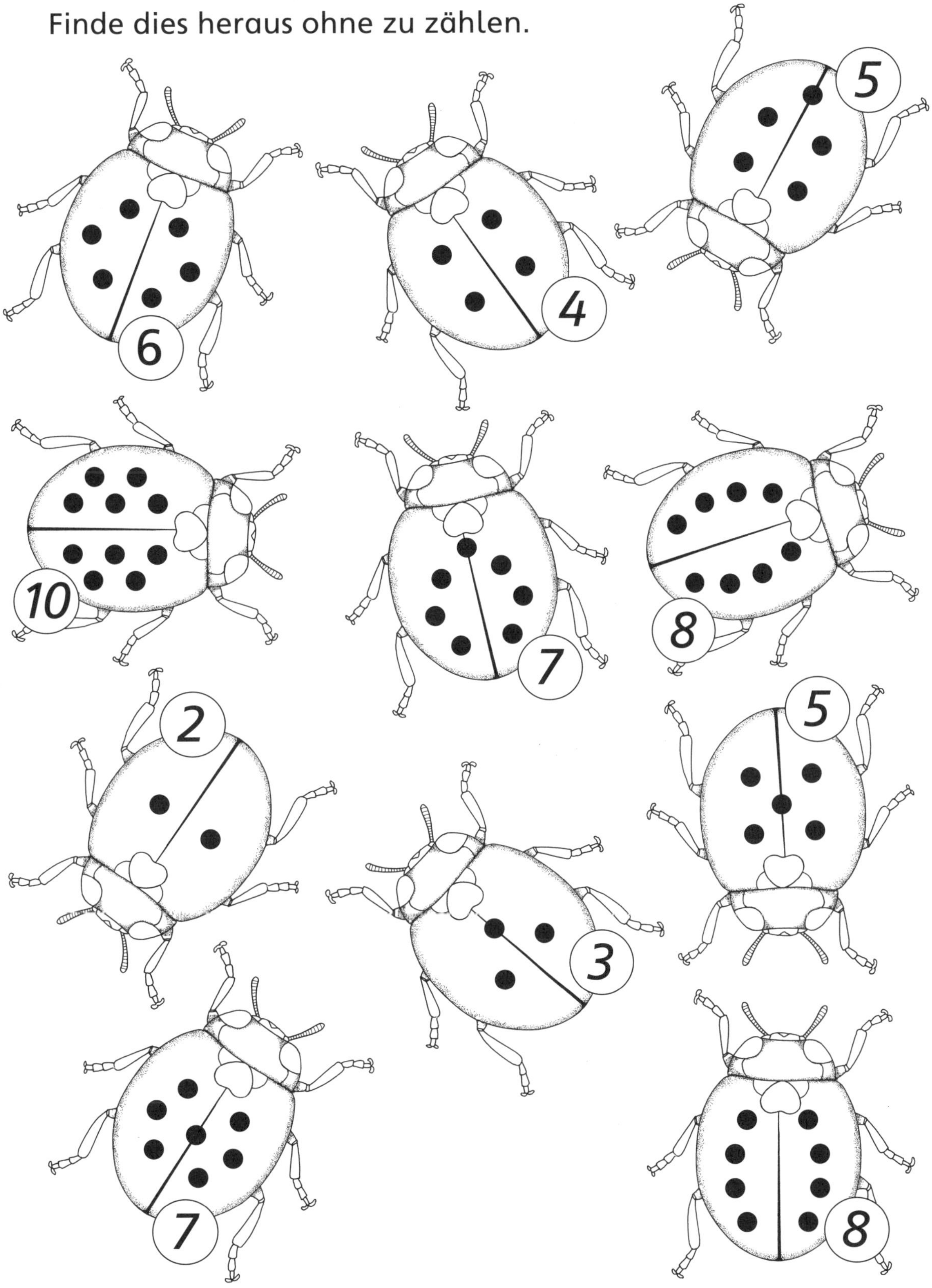

Darstellung von Zahlen

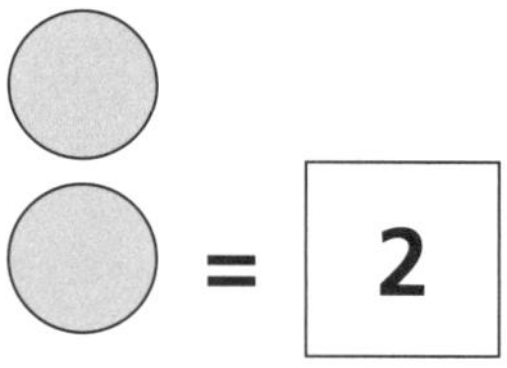

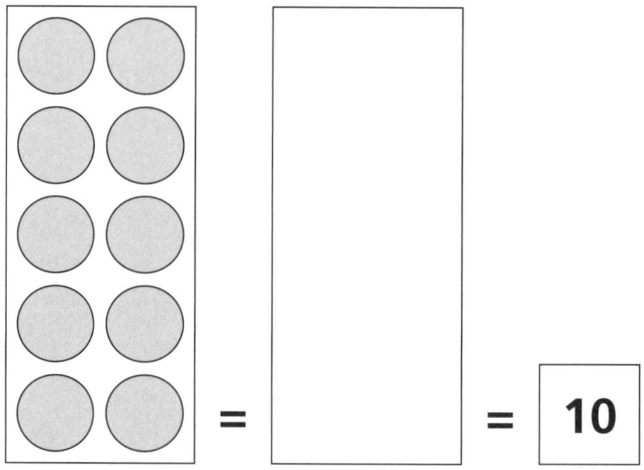

Beispiele:

1.

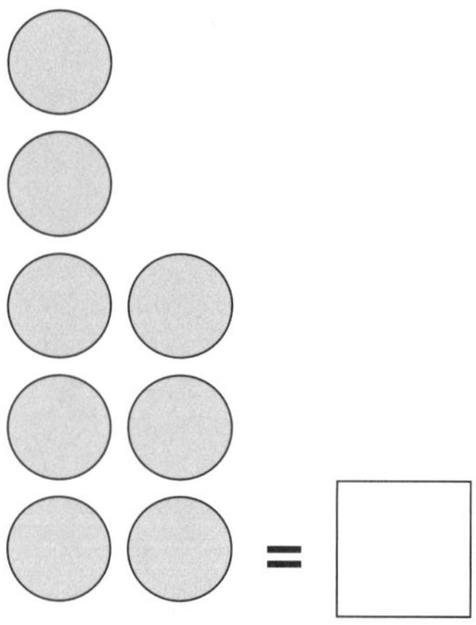

2.

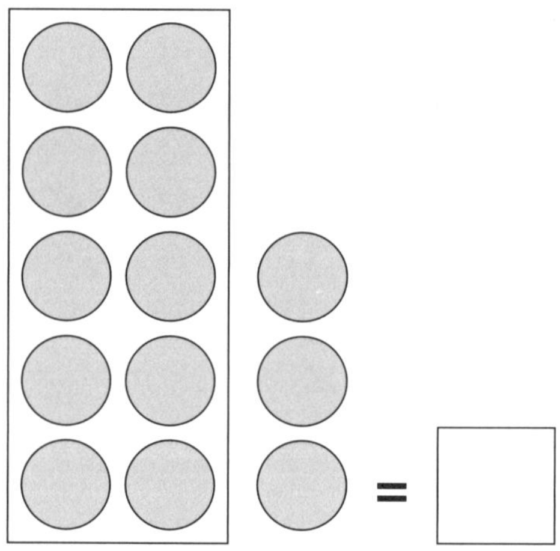

3.

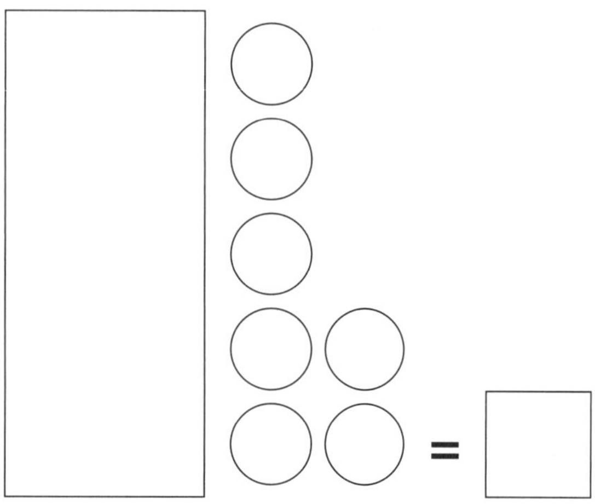

Darstellung von Zahlen

1. Wie heißen die Zahlen?

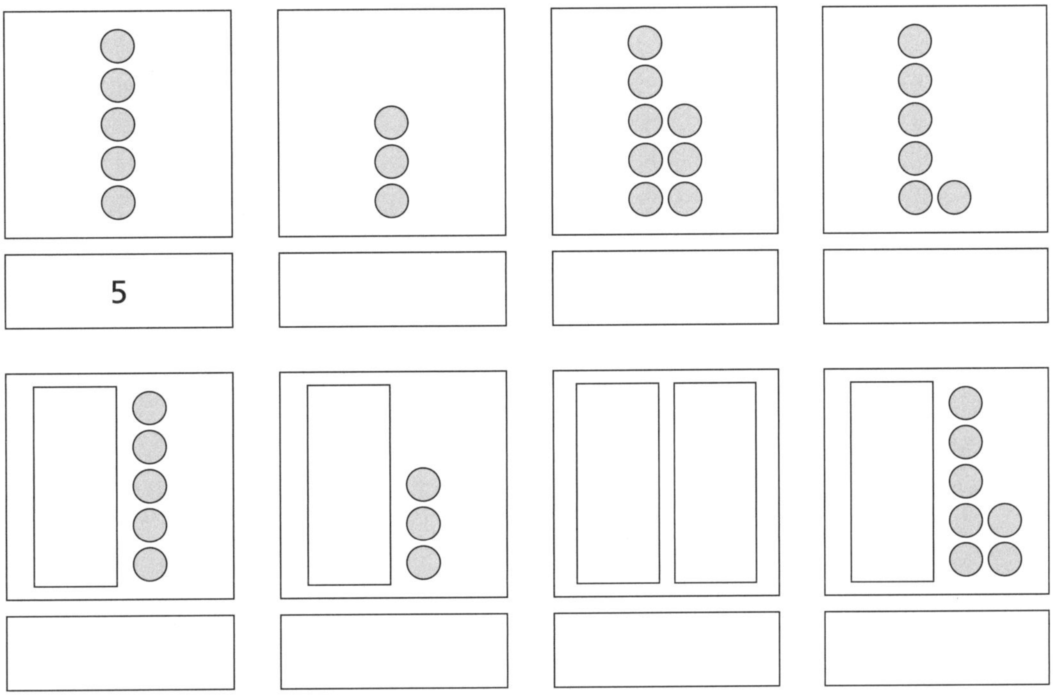

2. Zeichne.

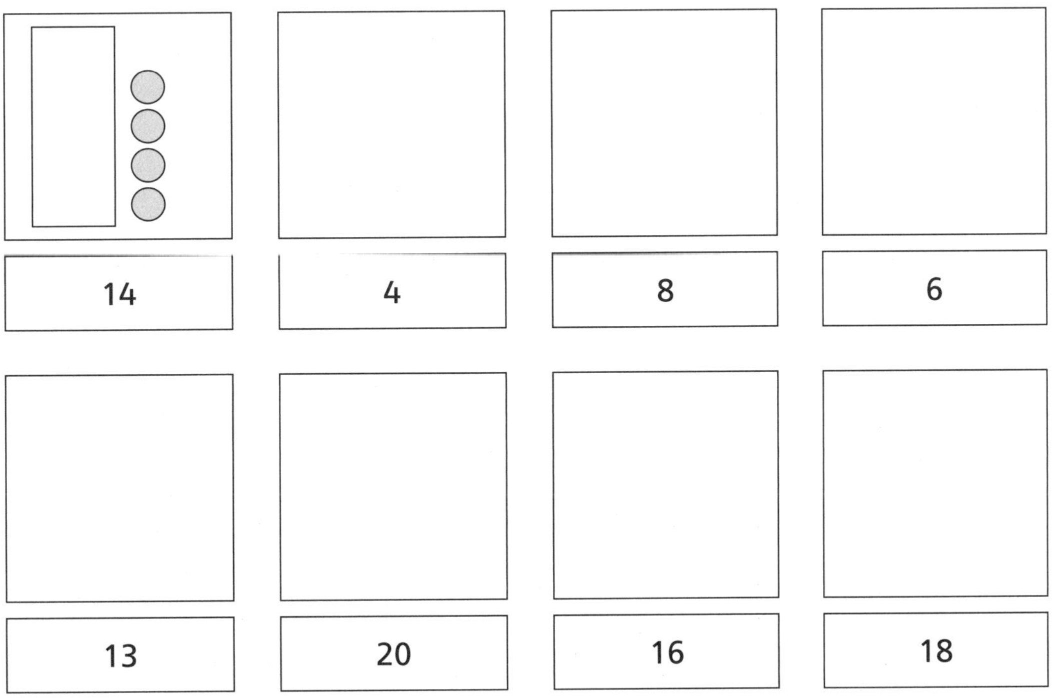

Darstellung von Zahlen

1. Wie heißen die Zahlen?

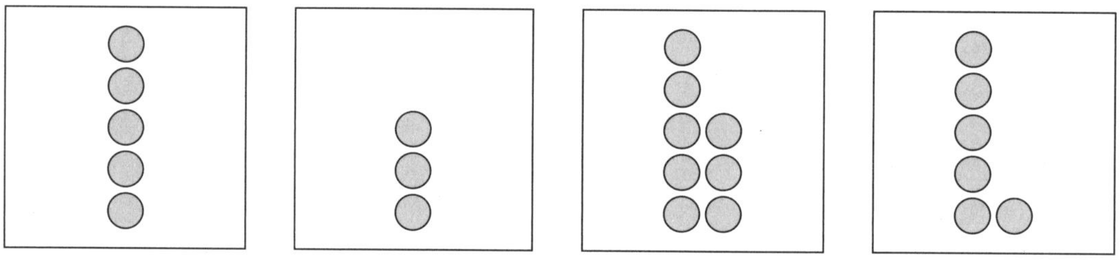

5	*3*	*8*	*6*

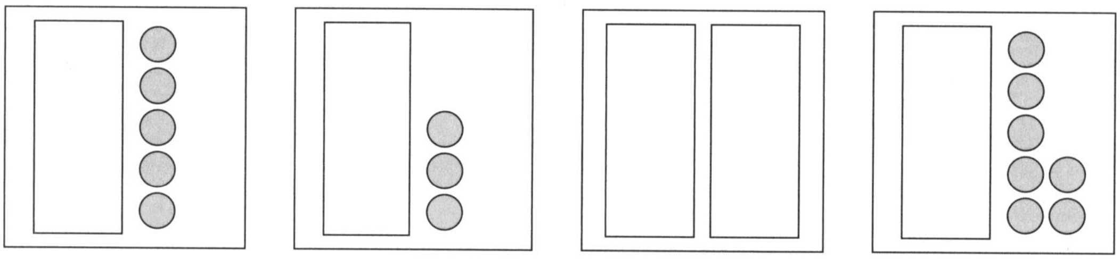

15	*13*	*20*	*17*

2. Zeichne.

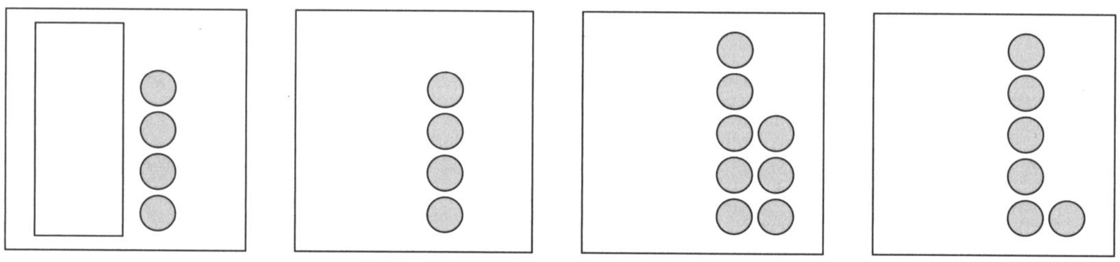

14	4	8	6

13	20	16	18

Zahlenvergleiche bis 20

1. <, > oder =?

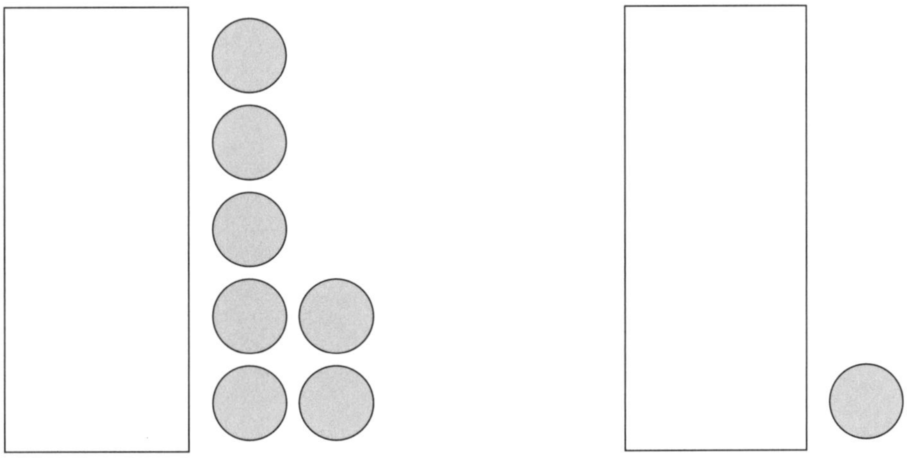

17 (>) **11**

Beispiele:

1. 13 ◯ 17

2. 9 ◯ 9

3. 8 ◯ 12

4. 14 ◯ 14

5. 19 ◯ 9

6. 13 ◯ 11

Zahlenvergleiche bis 20

1.

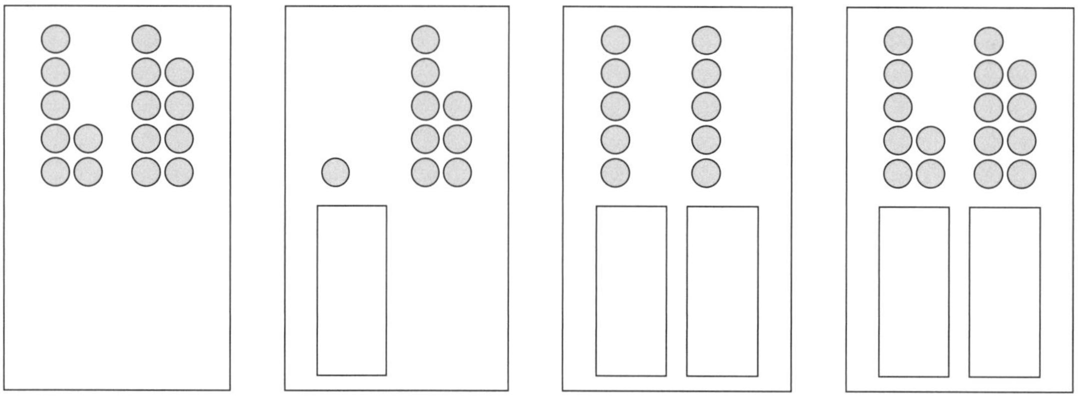

7	<	9									

2.

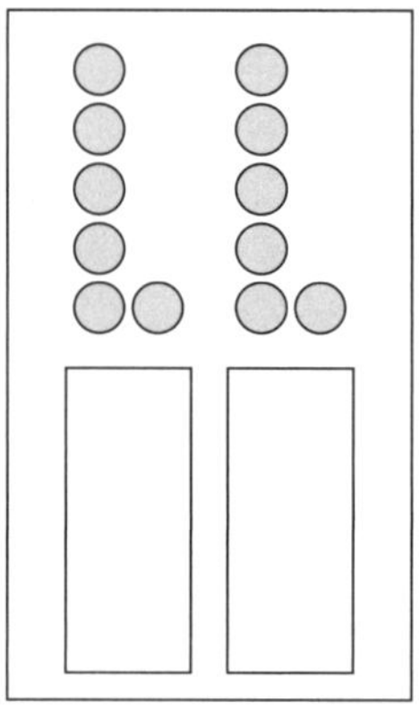

16	=	16	12		8	20		14	18		9

3. <, > oder =?

10	<	13	11		11	3		10
11		19	12		5	17		17
6		16	19		20	16		12
14		17	20		9	18		13

Zahlenvergleiche bis 20

1.

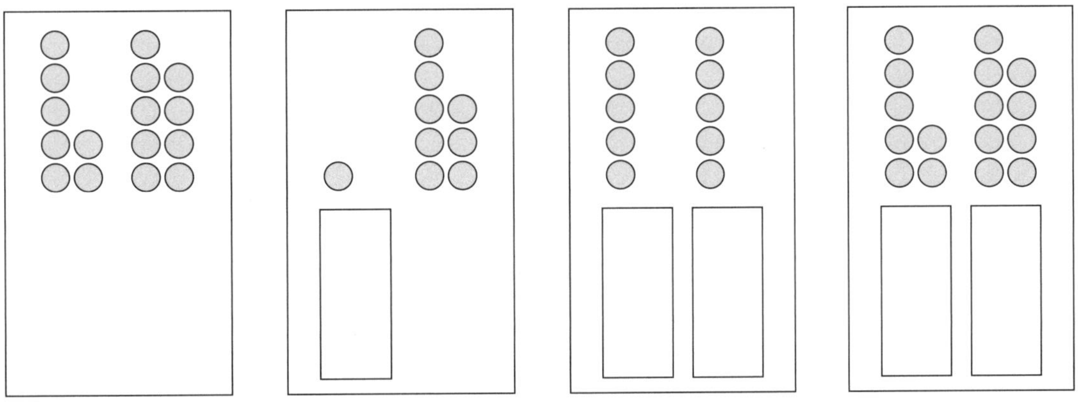

7 < 9 | 11 > 8 | 15 = 15 | 17 < 19

2.

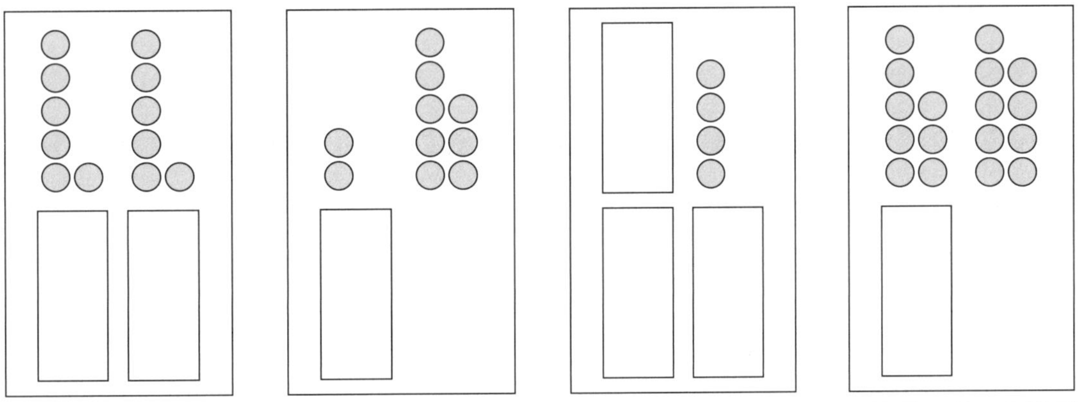

16 = 16 | 12 > 8 | 20 > 14 | 18 > 9

3. <, > oder =?

10 < 13 | 11 = 11 | 3 < 10

11 < 19 | 12 > 5 | 17 = 17

6 < 16 | 19 < 20 | 16 > 12

14 < 17 | 20 > 9 | 18 > 13

Der Zahlenstrahl

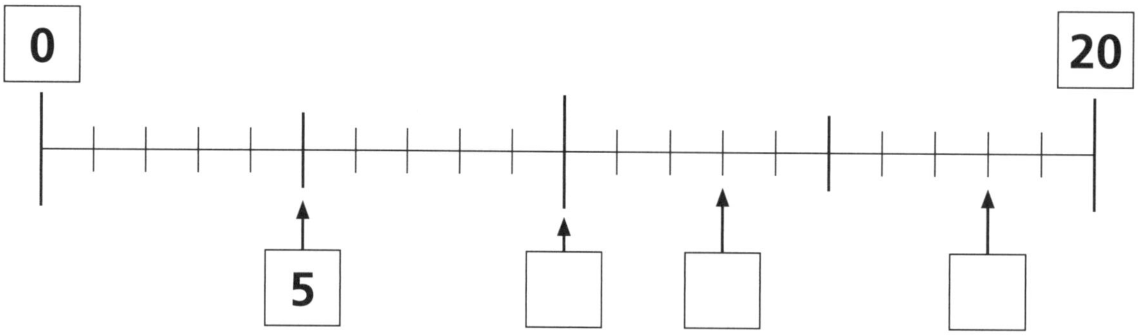

Merke:
Nach rechts werden die Zahlen immer größer, nach links immer kleiner!

Beispiel:
5 < 10

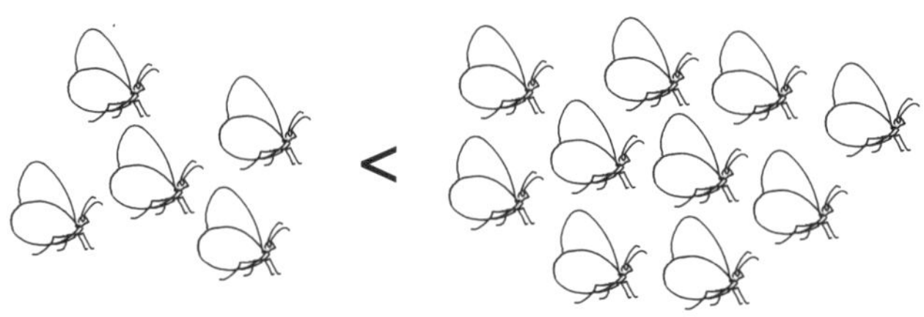

Beispiel:

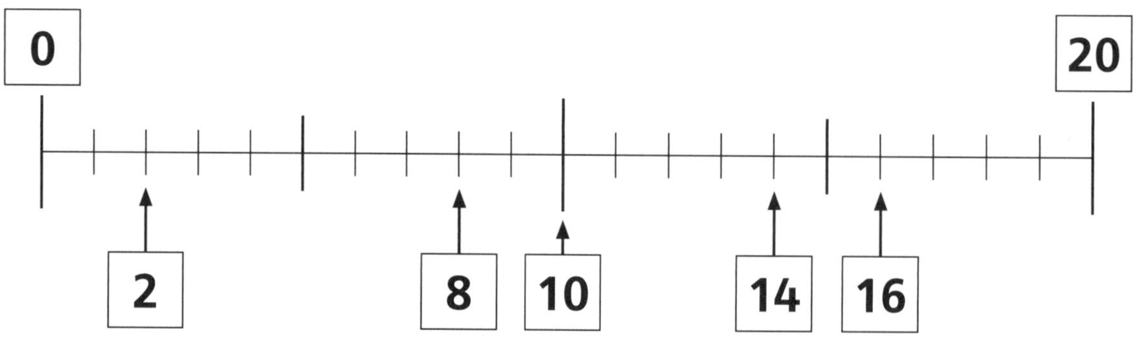

Der Zahlenstrahl

1. a)

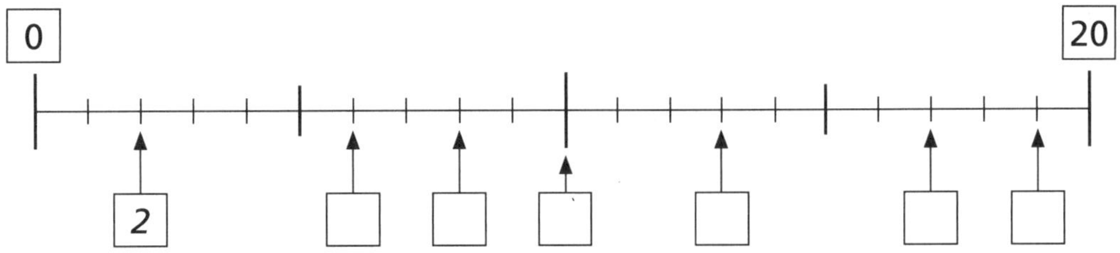

b)

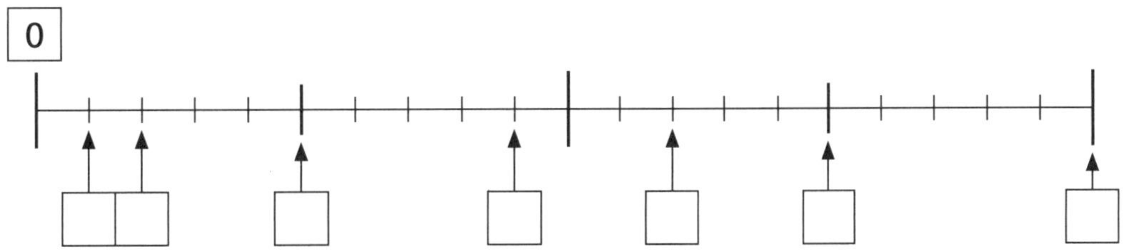

2. 3 5 8 11 14 17 19

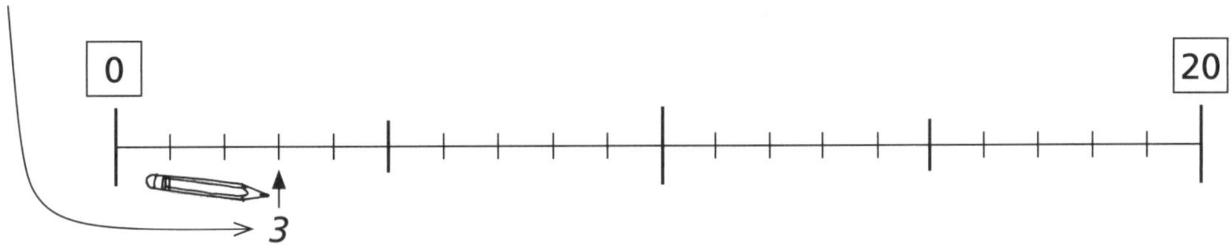

3. < oder >? (*Tipp:* Schaue die Zahlen am Zahlenstrahl an!)

a)	b)	c)	d)
4 ◯ 7	4 ◯ 8	8 ◯ 1	9 ◯ 8
3 ◯ 9	0 ◯ 6	3 ◯ 9	7 ◯ 1
19 ◯ 14	17 ◯ 2	16 ◯ 9	17 ◯ 19
12 ◯ 8	20 ◯ 17	15 ◯ 11	13 ◯ 16

Der Zahlenstrahl

1. a)

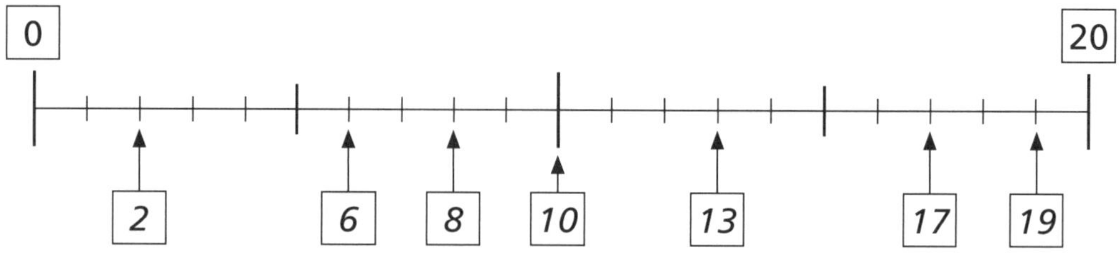

b)

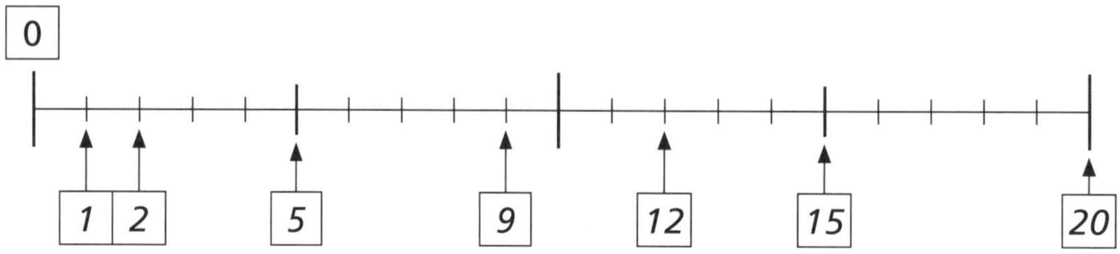

2.

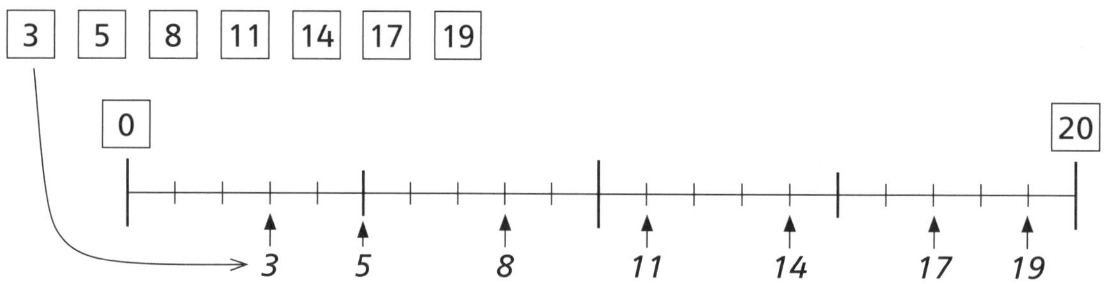

3. < oder >? (*Tipp:* Schaue die Zahlen am Zahlenstrahl an!)

a)	b)	c)	d)
4 (<) 7	4 (<) 8	8 (>) 1	9 (>) 8
3 (<) 9	0 (<) 6	3 (<) 9	7 (>) 1
19 (>) 14	17 (>) 2	16 (>) 9	17 (<) 19
12 (>) 8	20 (>) 17	15 (>) 11	13 (<) 16

Rechnen bis 10

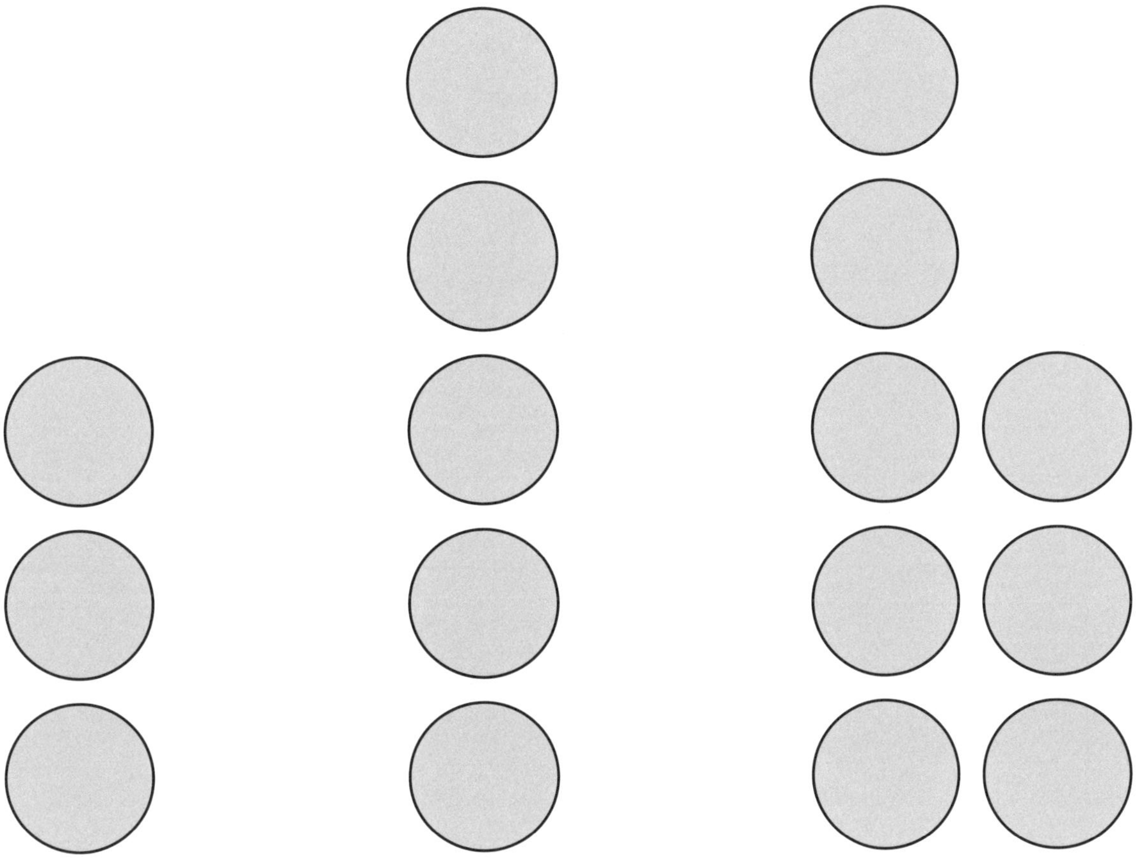

3 + 5 = 8

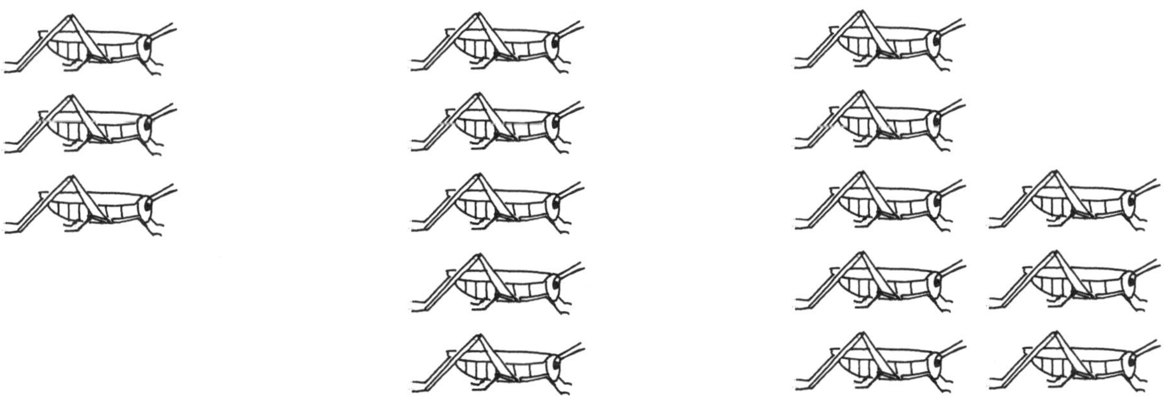

Rechnen bis 10

1. Wie heißt die Rechnung?

4 + 3 = 7

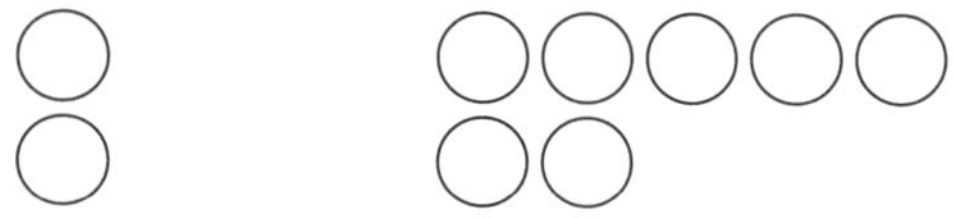

□ ○ □ ○ □

□ ○ □ ○ □

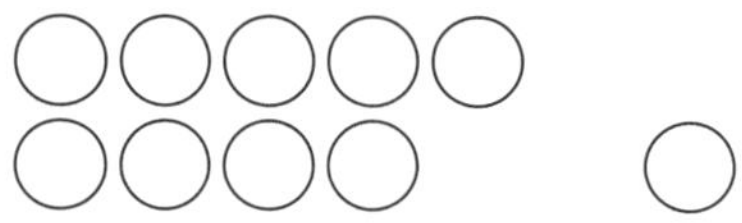

□ ○ □ ○ □

□ ○ □ ○ □

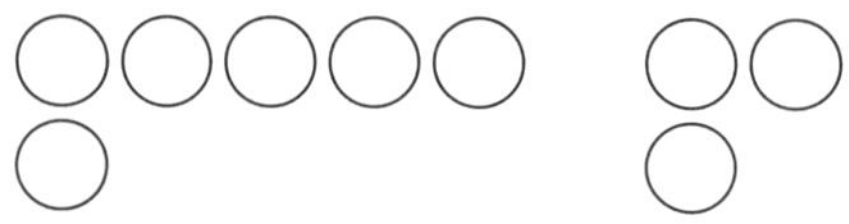

□ ○ □ ○ □

2. Male die Rechnung.

2 + 3 = 5

4 + 4 = □

5 + 3 = □

6 + 2 = □

Rechnen bis 10

1. Wie heißt die Rechnung?

4 + 3 = 7

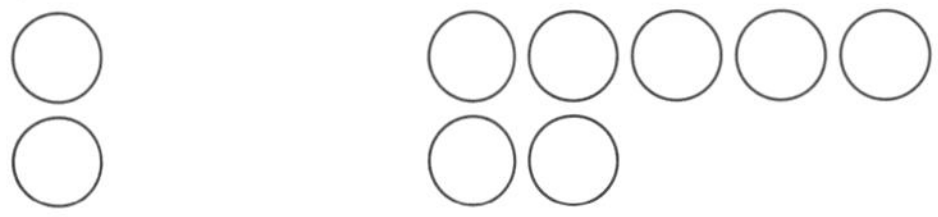

2 + 7 = 9

4 + 5 = 9

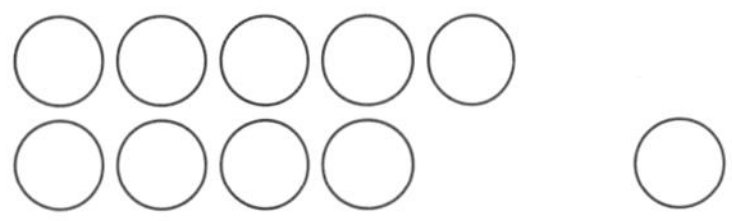

9 + 1 = 10

2 + 4 = 6

6 + 3 = 9

2. Male die Rechnung.

2 + 3 = 5

4 + 4 = 8

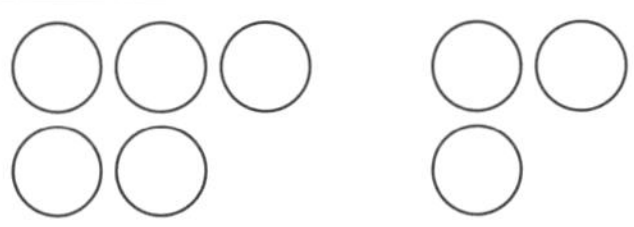

5 + 3 = 8

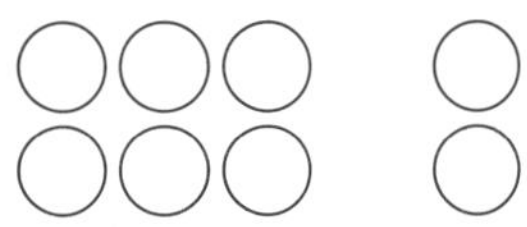

6 + 2 = 8

Zerlegungsaufgaben

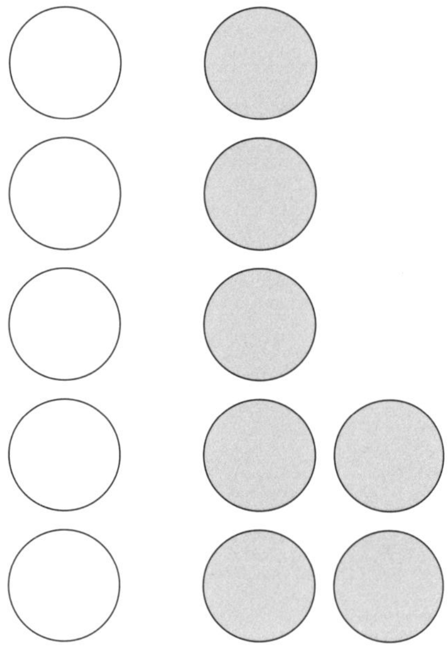

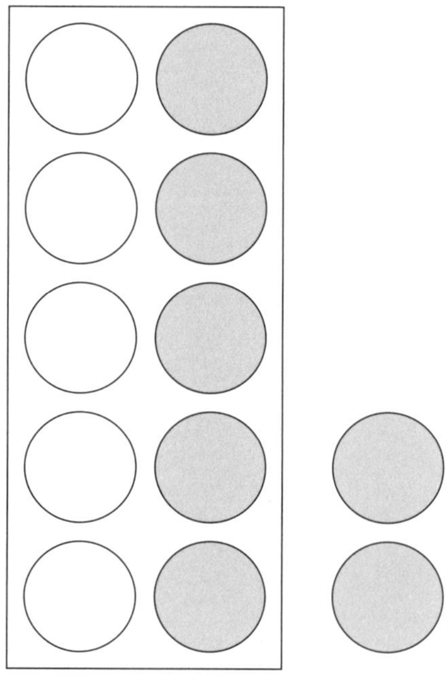

5 + 7 = ☐

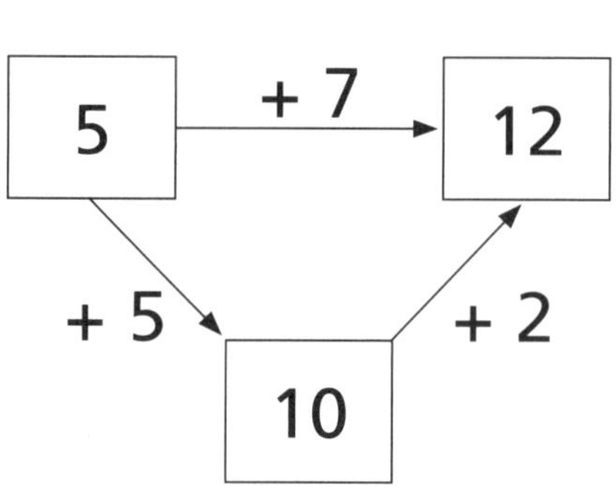

Beispiel:

5 + 3 + 3 = 11

Zerlegungsaufgaben

1. Zerlege geschickt. Male die Aufgaben.

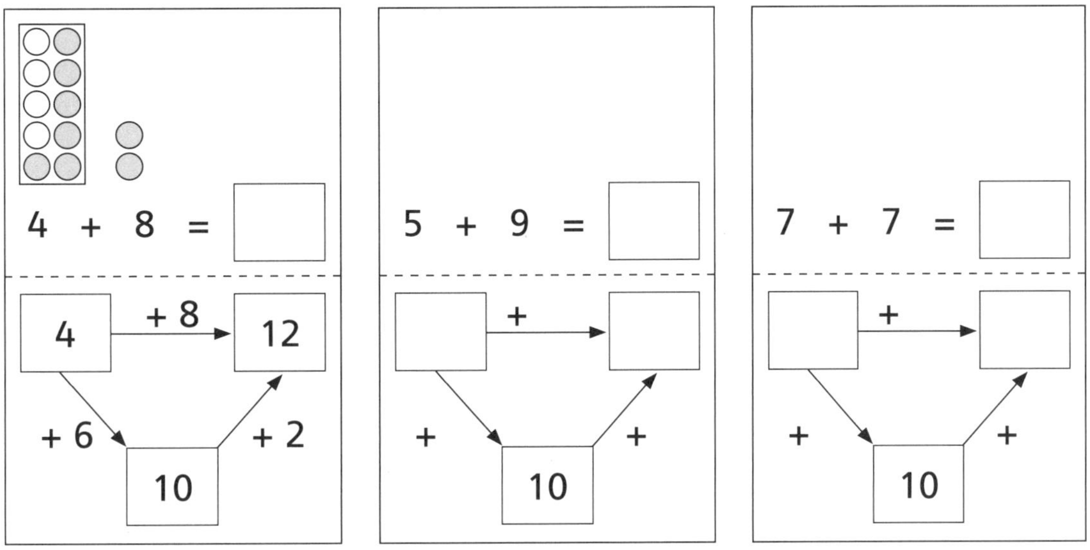

2. Rechne geschickt.

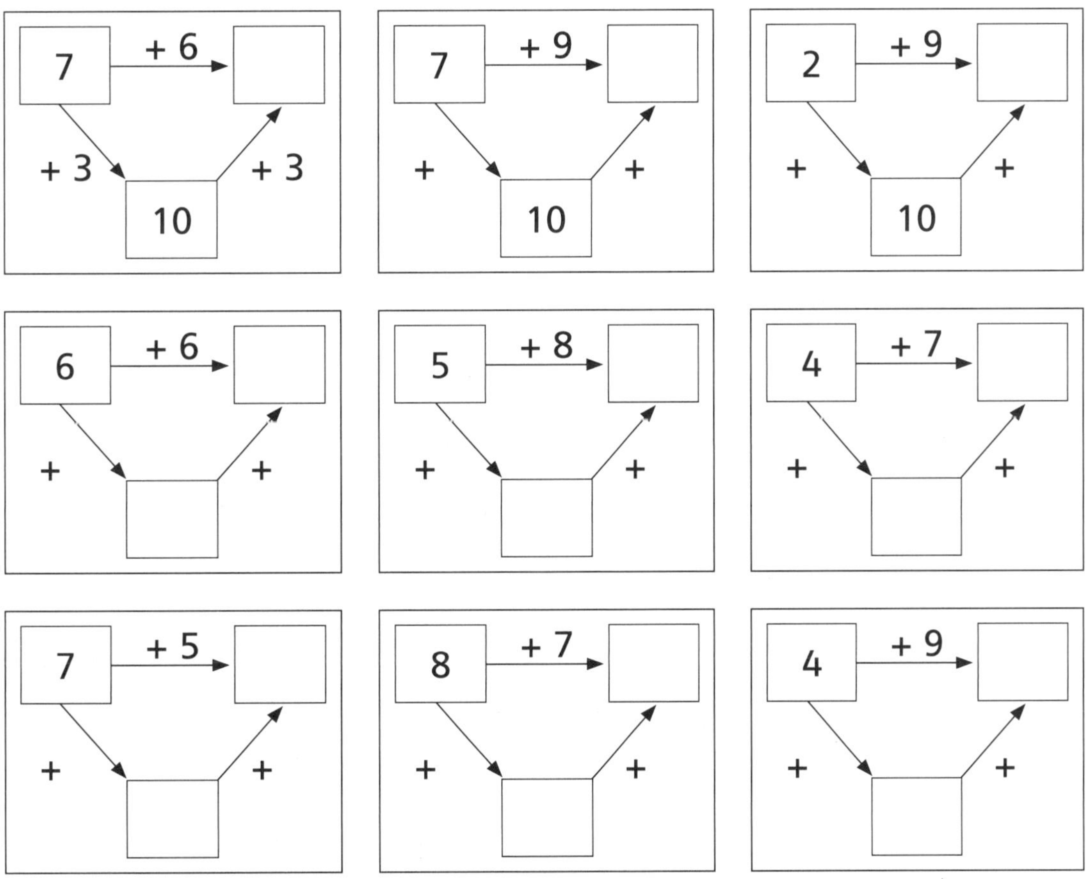

Zerlegungsaufgaben

1. Zerlege geschickt. Male die Aufgaben.

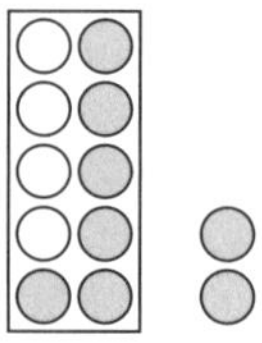

4 + 8 = 12

4 —(+ 8)→ 12; 4 —(+ 6)→ 10 —(+ 2)→ 12

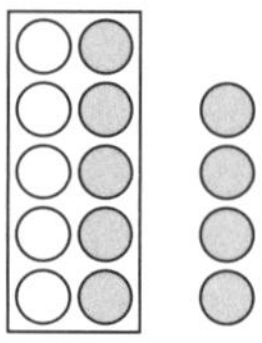

5 + 9 = 14

5 —(+ 9)→ 14; 5 —(+ 5)→ 10 —(+ 4)→ 14

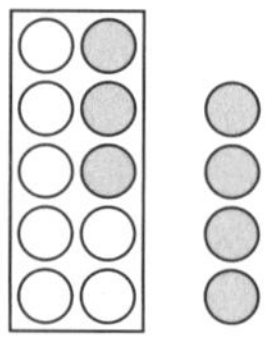

7 + 7 = 14

7 —(+ 7)→ 14; 7 —(+ 3)→ 10 —(+ 4)→ 14

2. Rechne geschickt.

7 —(+ 6)→ 13; 7 —(+ 3)→ 10 —(+ 3)→ 13	7 —(+ 9)→ 16; 7 —(+ 3)→ 10 —(+ 6)→ 16	2 —(+ 9)→ 11; 2 —(+ 8)→ 10 —(+ 1)→ 11
6 —(+ 6)→ 12; 6 —(+ 4)→ 10 —(+ 2)→ 12	5 —(+ 8)→ 13; 5 —(+ 5)→ 10 —(+ 3)→ 13	4 —(+ 7)→ 11; 4 —(+ 6)→ 10 —(+ 1)→ 11
7 —(+ 5)→ 12; 7 —(+ 3)→ 10 —(+ 2)→ 12	8 —(+ 7)→ 15; 8 —(+ 2)→ 10 —(+ 5)→ 15	4 —(+ 9)→ 13; 4 —(+ 6)→ 10 —(+ 3)→ 13

Rechnen bis 20

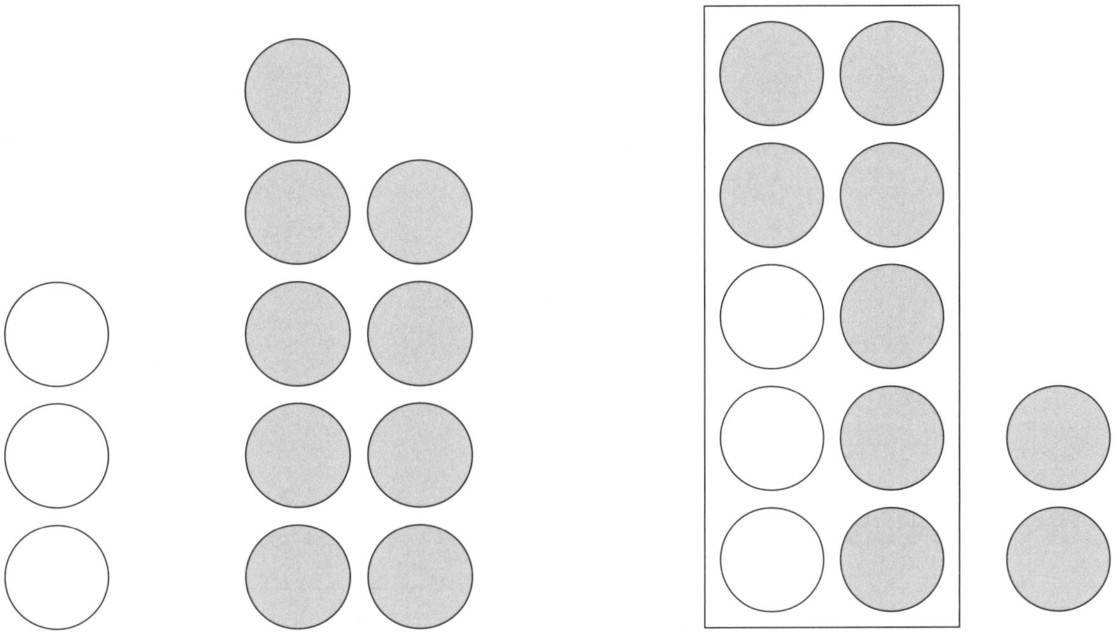

3 + 9 = 12

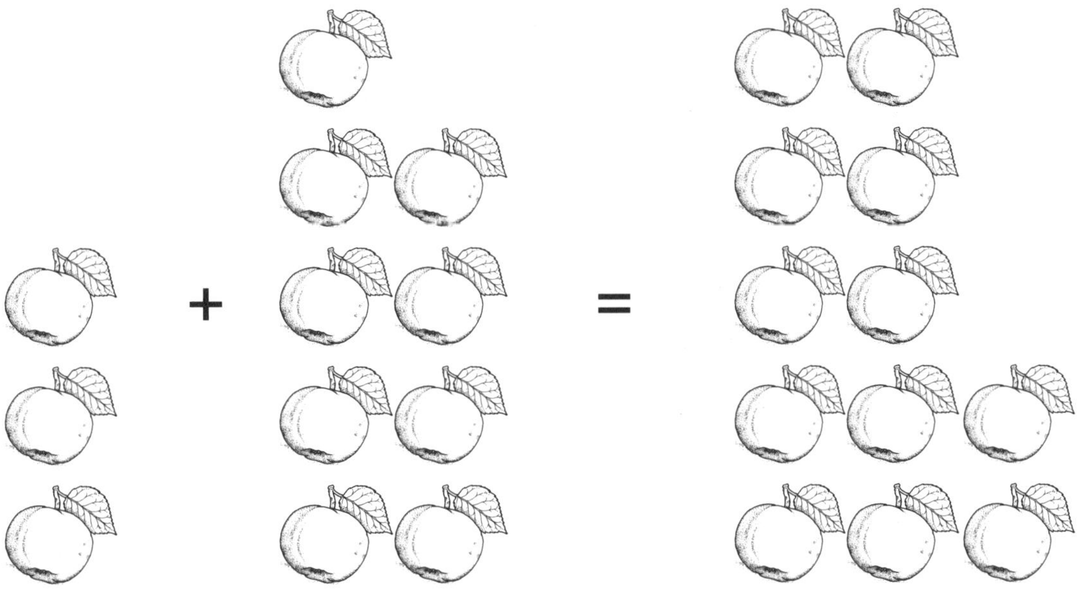

Rechnen bis 20

1. Male selbst.

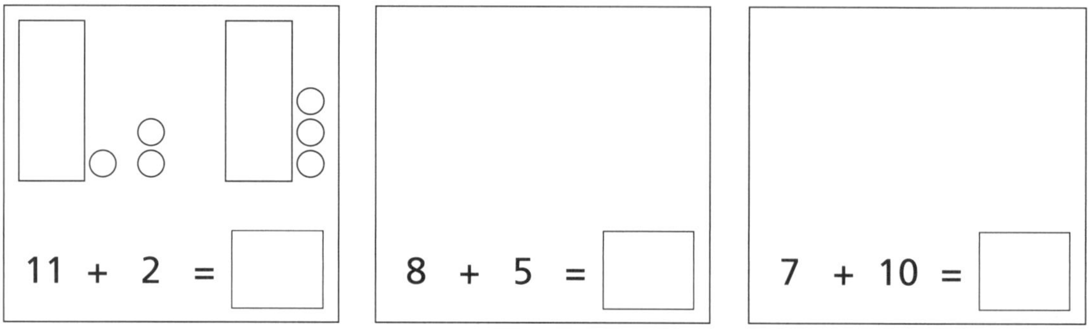

2. Male mit den richtigen Farben an.

12 = blau
13 = orange
14 = braun
15 = grün
16 = rot
18 = gelb
19 = hellblau
20 = schwarz

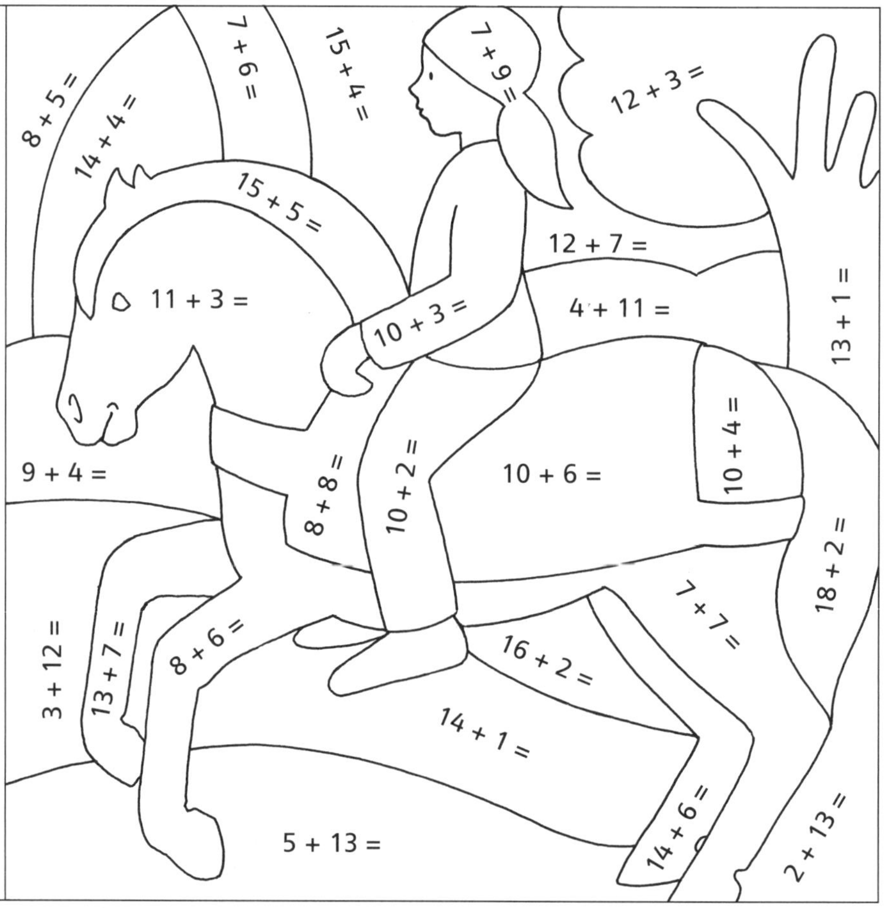

Rechnen bis 20

1. Male selbst.

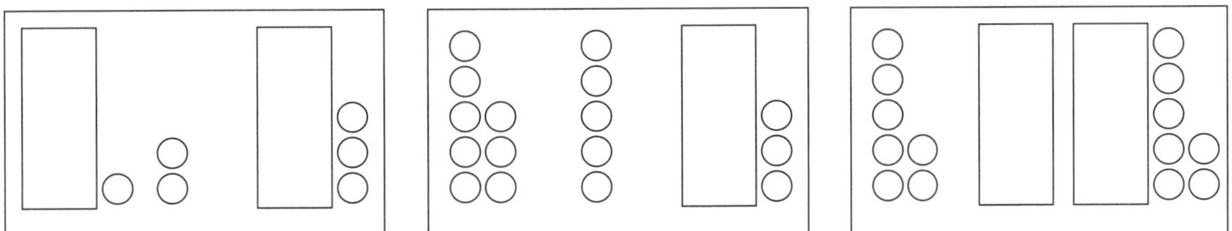

11 + 2 = *13* 8 + 5 = *13* 7 + 10 = *17*

2. Male mit den richtigen Farben an.

12 = blau
13 = orange
14 = braun
15 = grün
16 = rot
18 = gelb
19 = hellblau
20 = schwarz

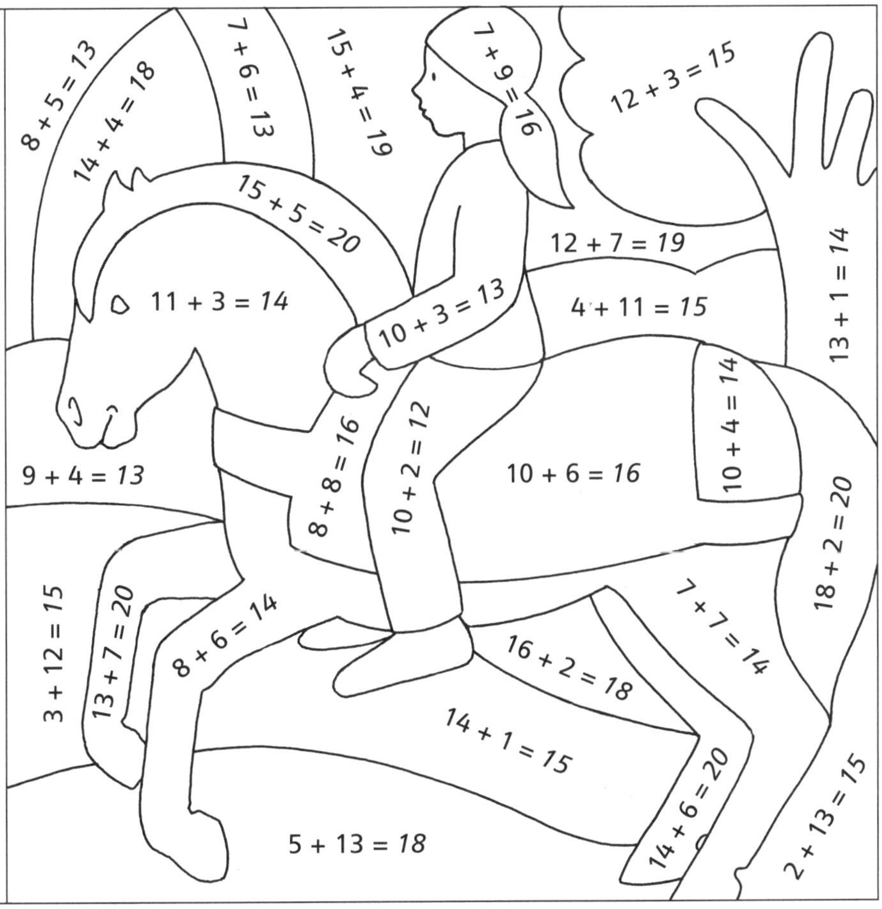

Platzhalteraufgaben

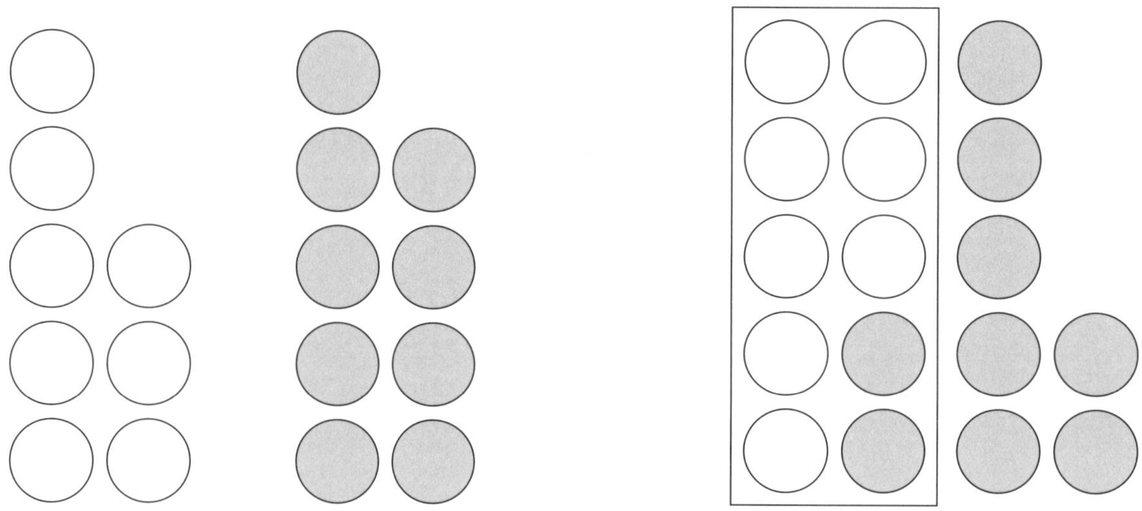

8 + [9] = 17

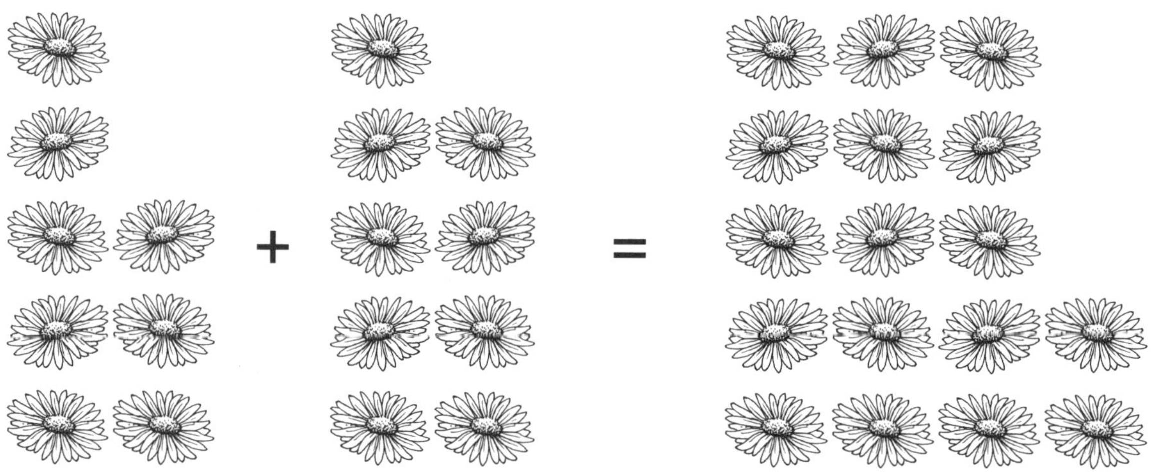

Platzhalteraufgaben

1. Male die Aufgabe.

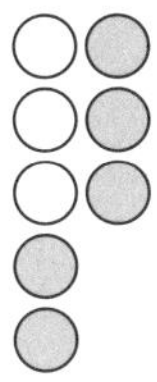

3 + ☐ = 8

13 + ☐ = 18

5 + ☐ = 13

9 + ☐ = 13

2. Rechne.

4 + 4 = 8
6 + ☐ = 11
5 + ☐ = 9
7 + ☐ = 10

☐ + 3 = 8
☐ + 11 = 17
☐ + 6 = 14
☐ + 0 = 12

2 + ☐ = 14
☐ + 7 = 12
☐ + 10 = 13
5 + ☐ = 20

8 + ☐ = 14
1 + ☐ = 15
15 + ☐ = 20
0 + ☐ = 7

☐ + 6 = 10
☐ + 17 = 20
☐ + 9 = 20
☐ + 3 = 14

5 + ☐ = 12
☐ + 9 = 16
☐ + 0 = 15
4 + ☐ = 14

Platzhalteraufgaben

1. Male die Aufgabe.

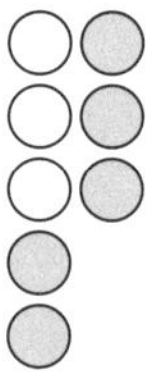

3 + 5 = 8

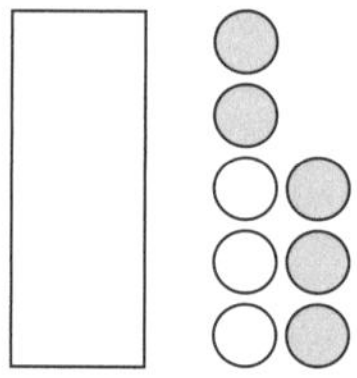

13 + 5 = 18

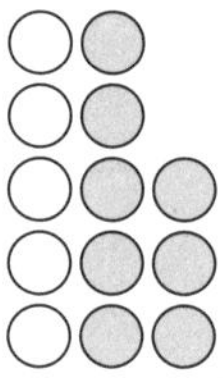

5 + 8 = 13

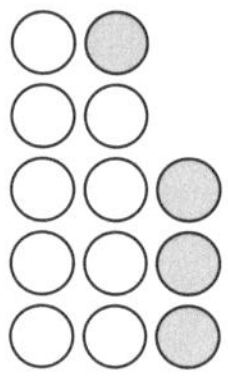

9 + 4 = 13

2. Rechne.

4 + 4 = 8
6 + 5 = 11
5 + 4 = 9
7 + 3 = 10

5 + 3 = 8
6 + 11 = 17
8 + 6 = 14
12 + 0 = 12

2 + 12 = 14
5 + 7 = 12
3 + 10 = 13
5 + 15 = 20

8 + 6 = 14
1 + 14 = 15
15 + 5 = 20
0 + 7 = 7

4 + 6 = 10
3 + 17 = 20
11 + 9 = 20
11 + 3 = 14

5 + 7 = 12
7 + 9 = 16
15 + 0 = 15
4 + 10 = 14

Rechnen bis 10

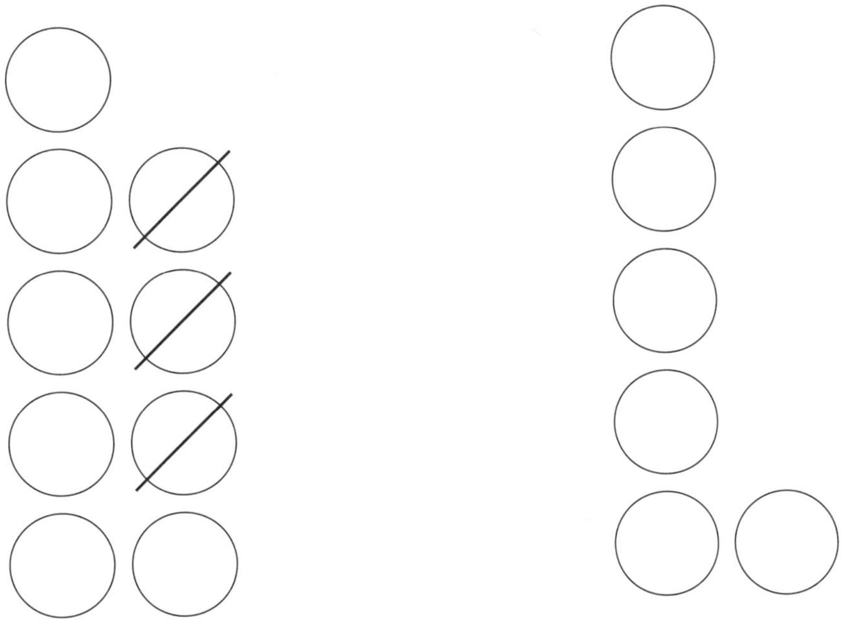

9 – 3 = 6

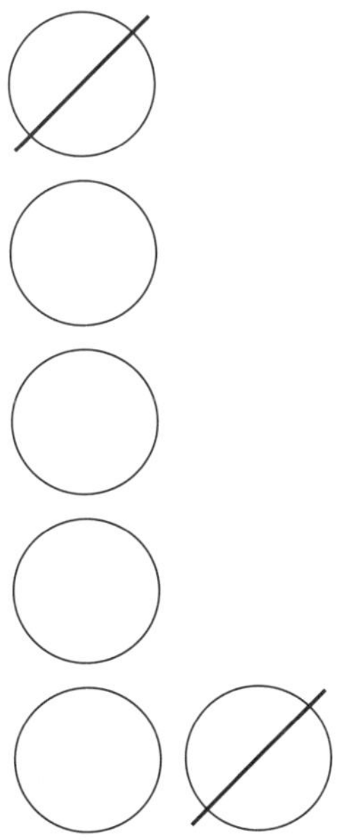

6 – 2 = ☐

Rechnen bis 10

1. Wie heißt die Rechnung?

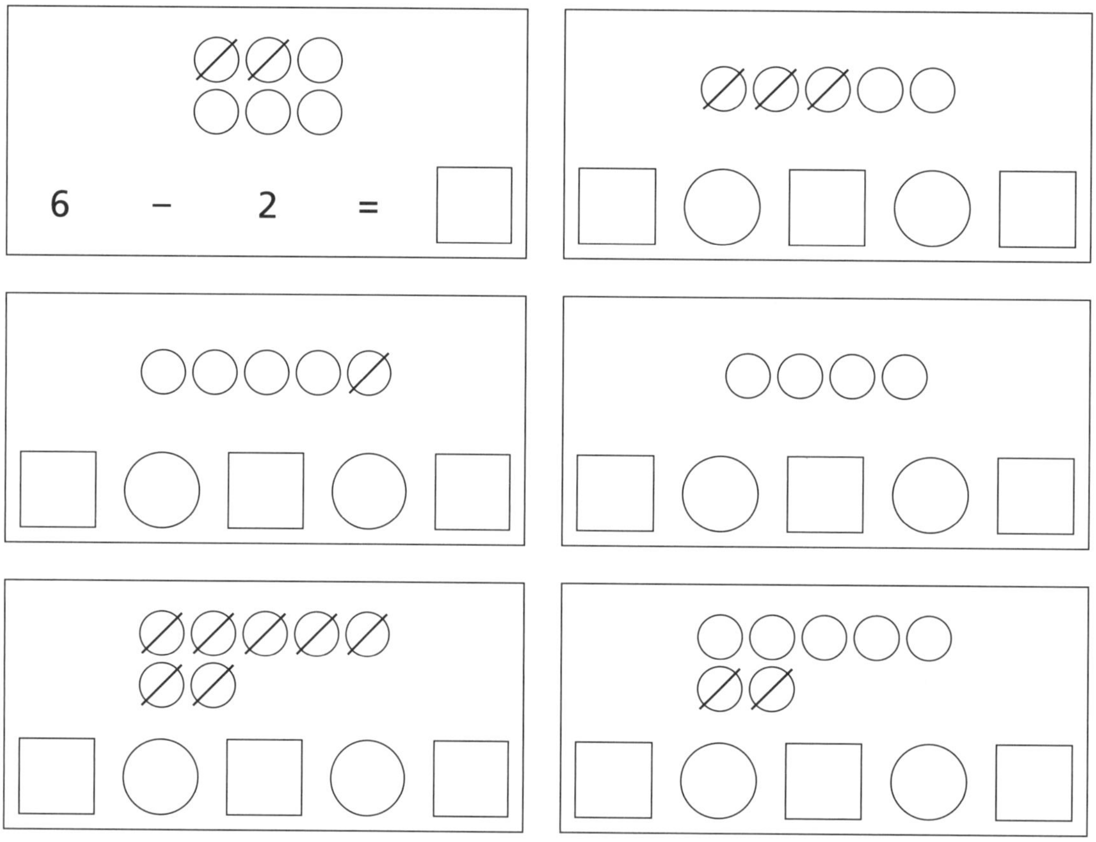

2. Male die Rechnung.

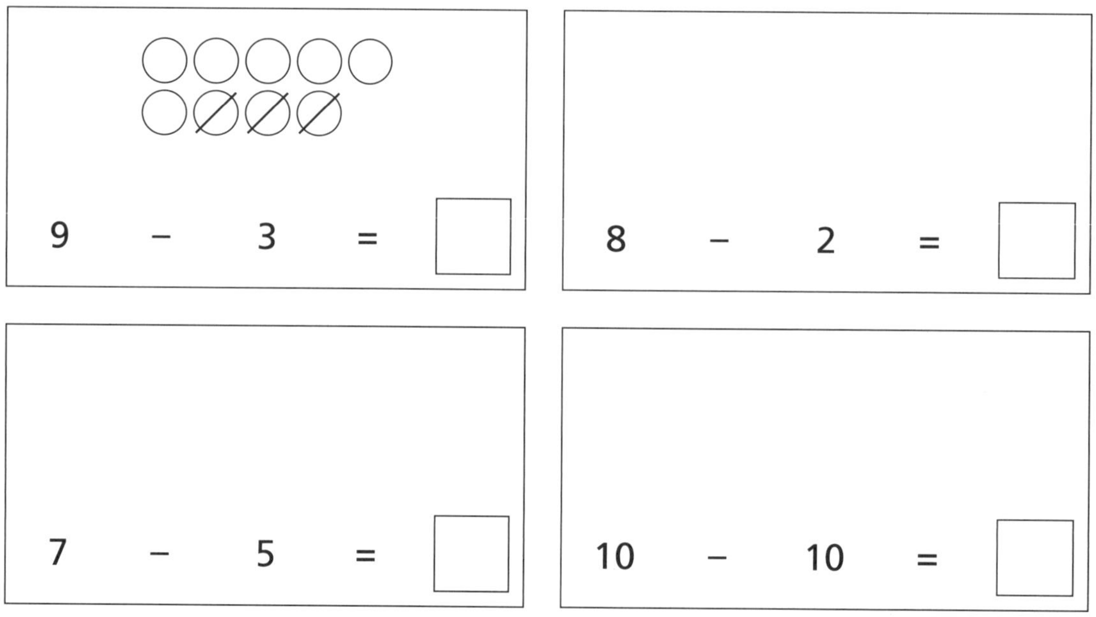

Rechnen bis 10

1. Wie heißt die Rechnung?

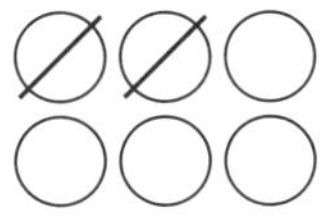

6 – 2 = 4

5 – 3 = 2

5 – 1 = 4

4 – 0 = 4

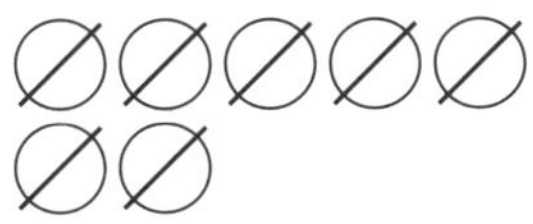

7 – 7 = 0

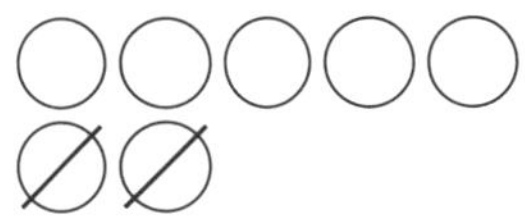

7 – 2 = 5

2. Male die Rechnung.

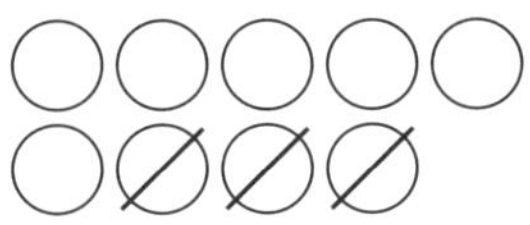

9 – 3 = 6

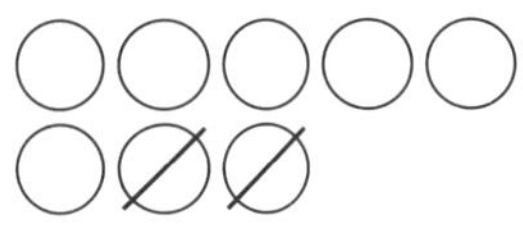

8 – 2 = 6

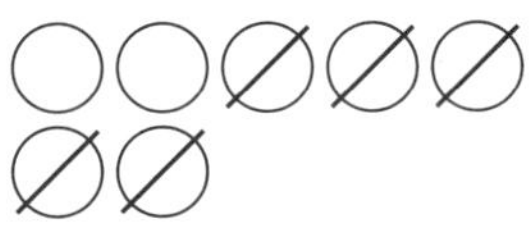

7 – 5 = 2

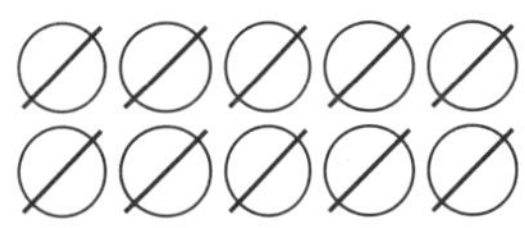

10 – 10 = 0

Zerlegungsaufgaben

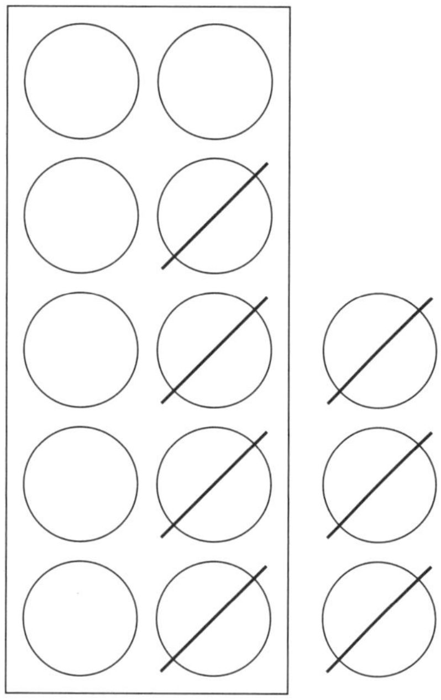

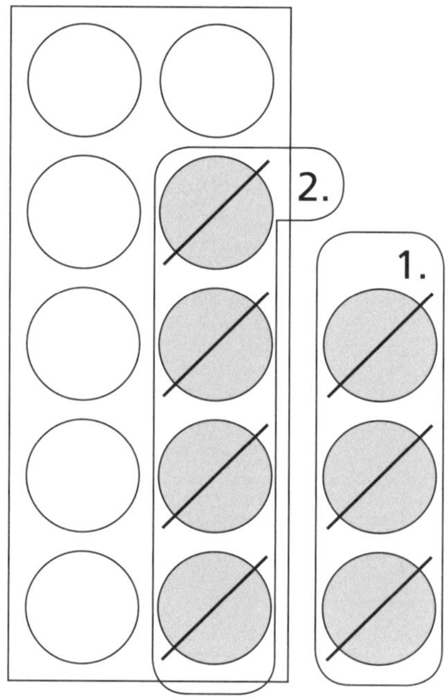

13 − 7 = ☐

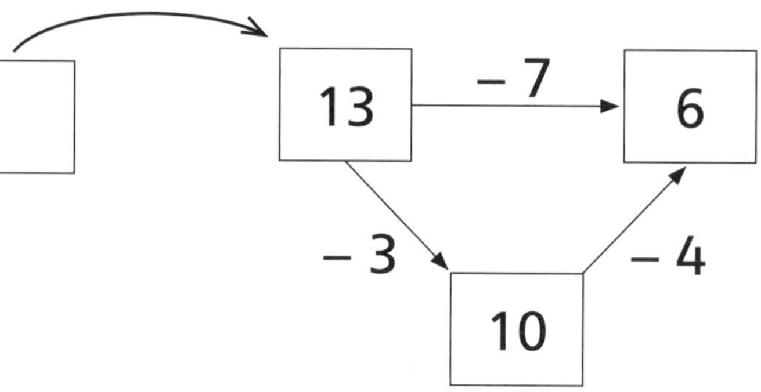

2 − 1 = 1

Zerlegungsaufgaben

1. Zerlege geschickt. Male die Aufgaben.

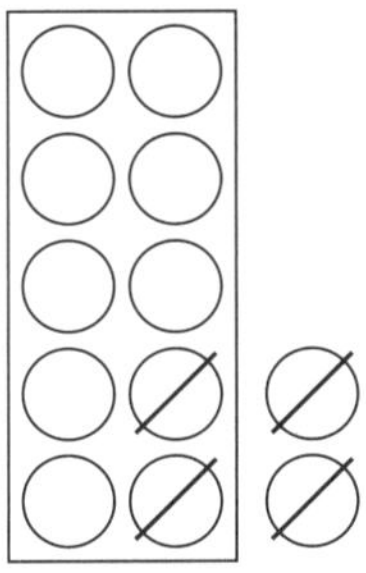

12 – 4 = ☐

13 – 9 = ☐

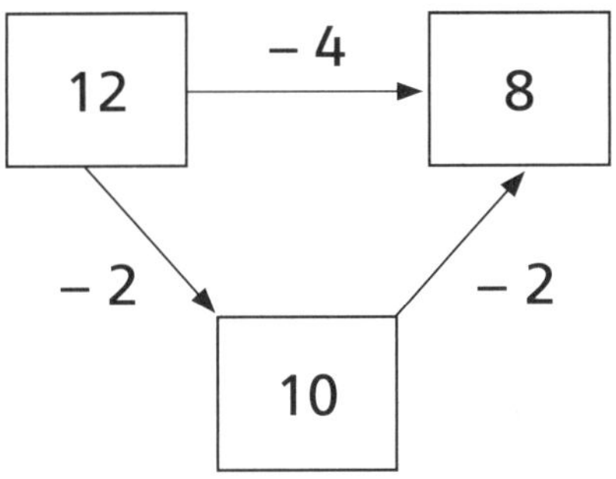

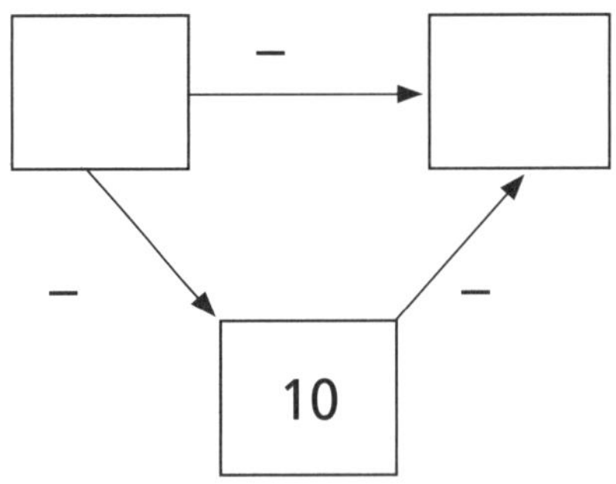

2. Rechne geschickt.

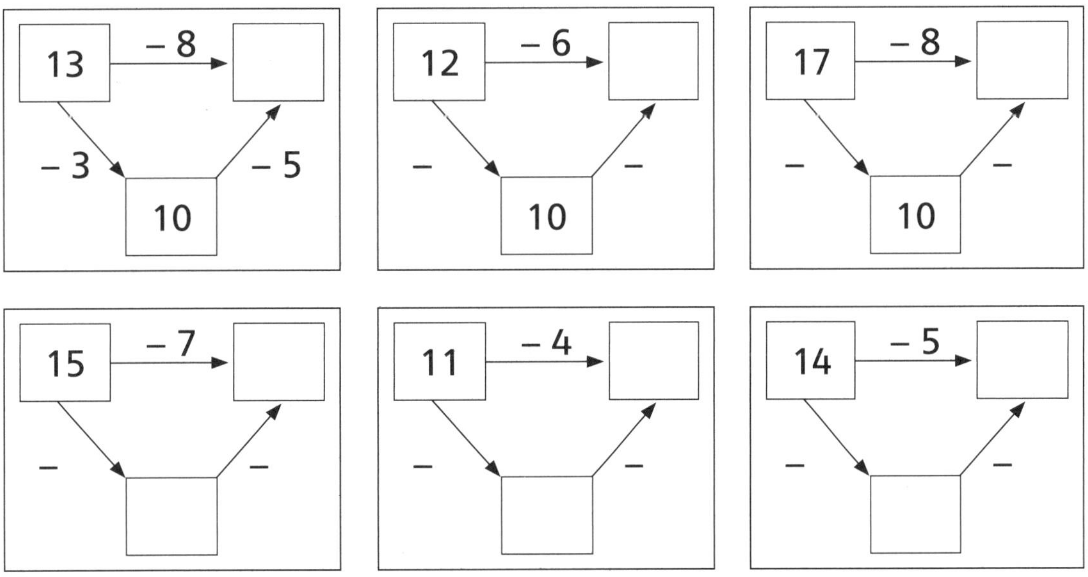

Zerlegungsaufgaben

1. Zerlege geschickt. Male die Aufgaben.

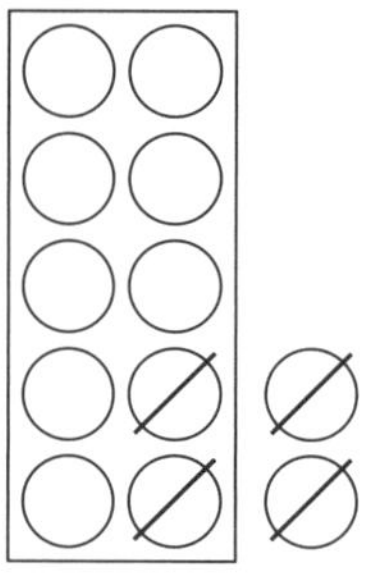

12 − 4 = 8

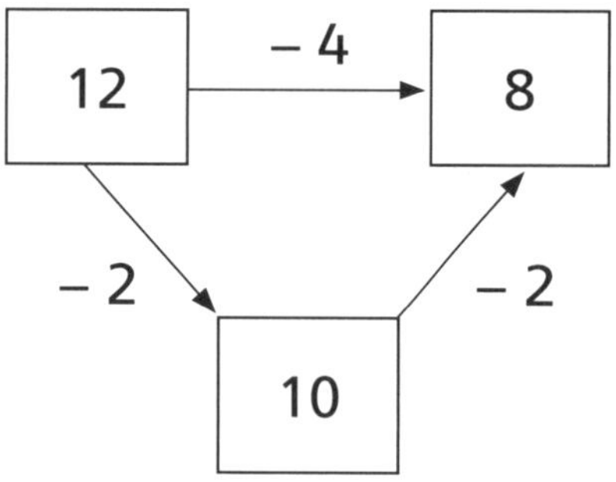

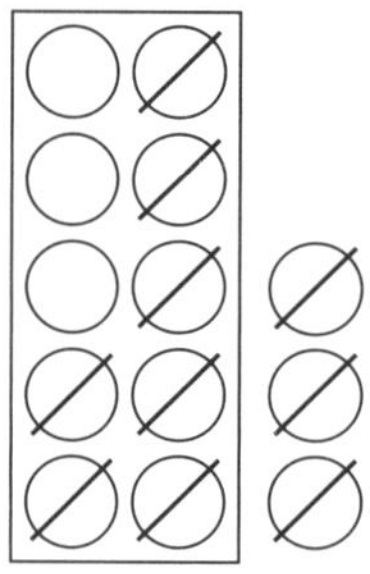

13 − 9 = 4

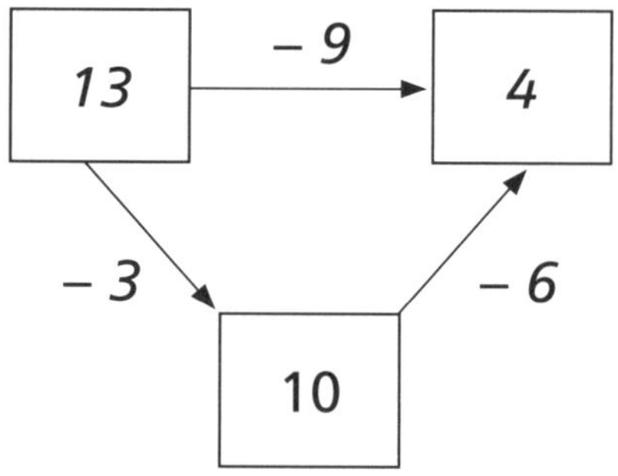

2. Rechne geschickt.

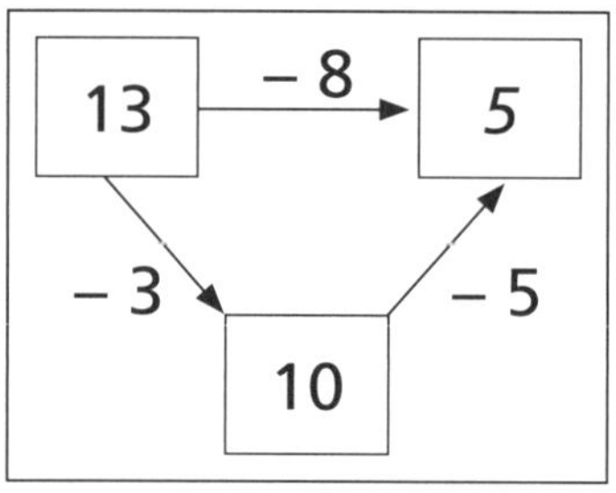

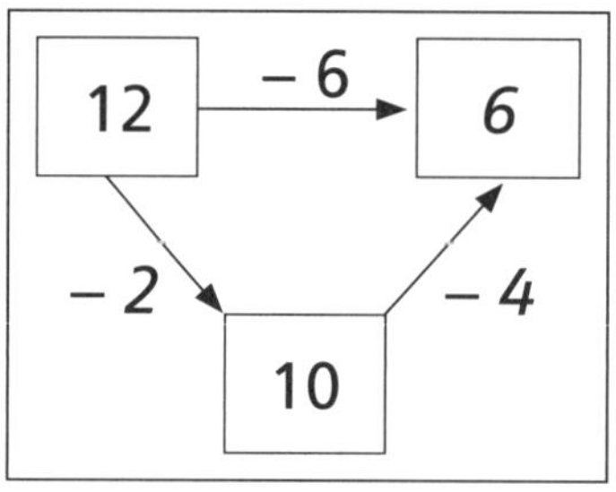

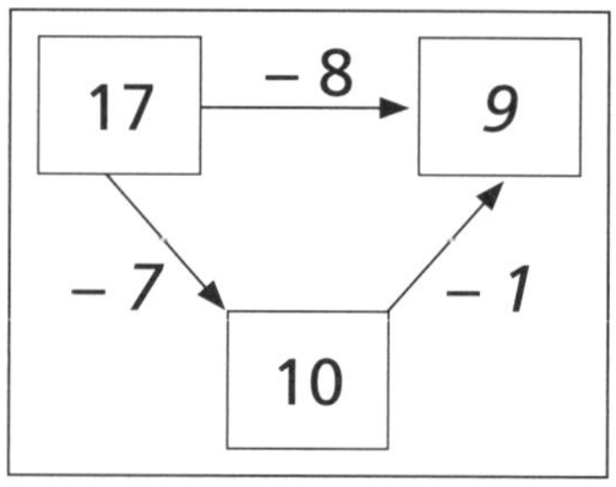

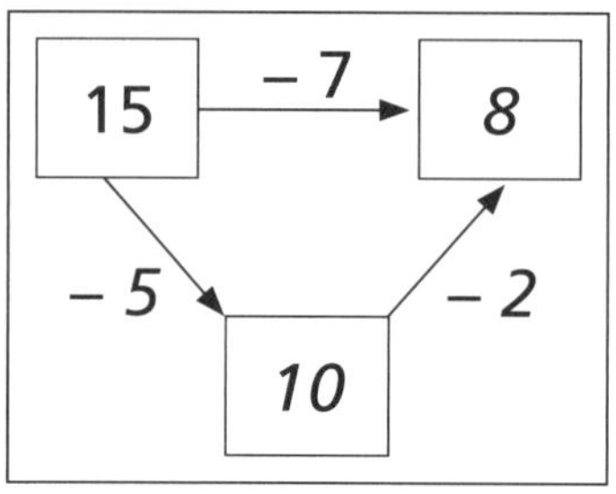

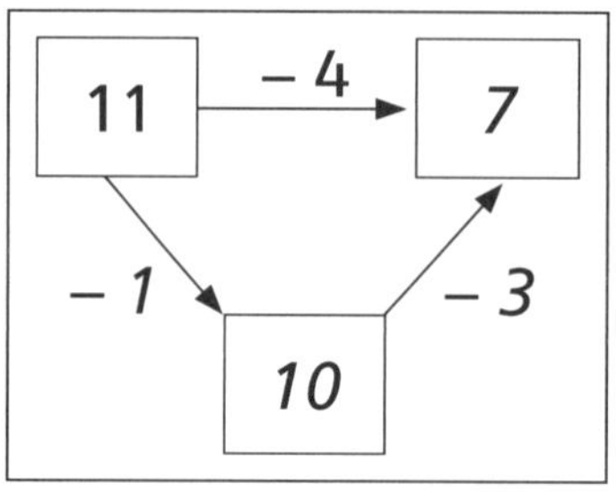

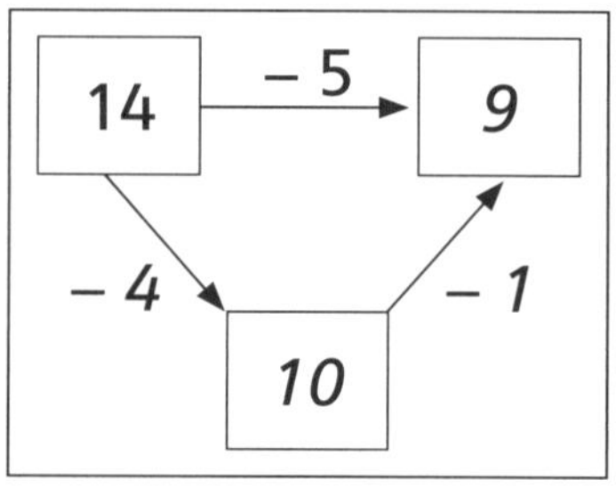

Rechnen bis 20

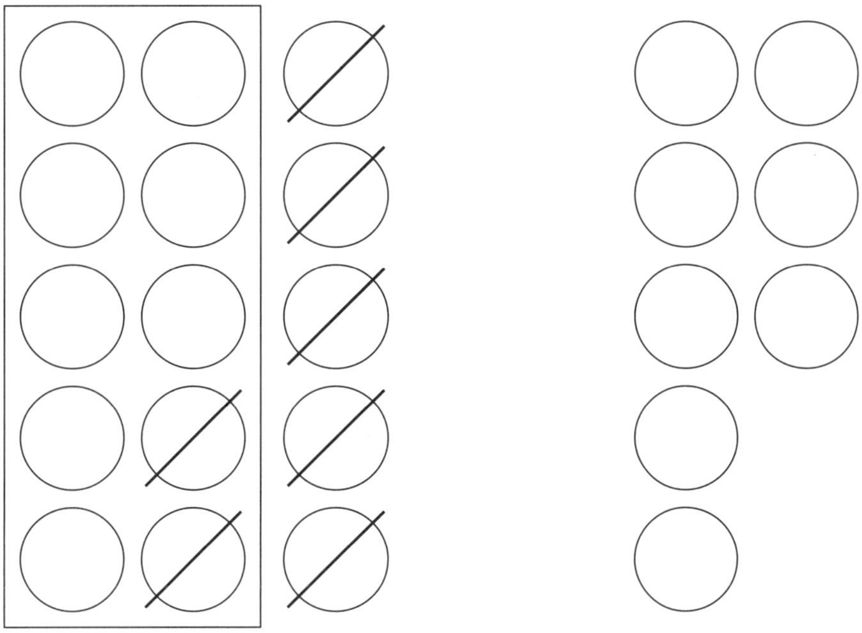

15 – 7 = 8

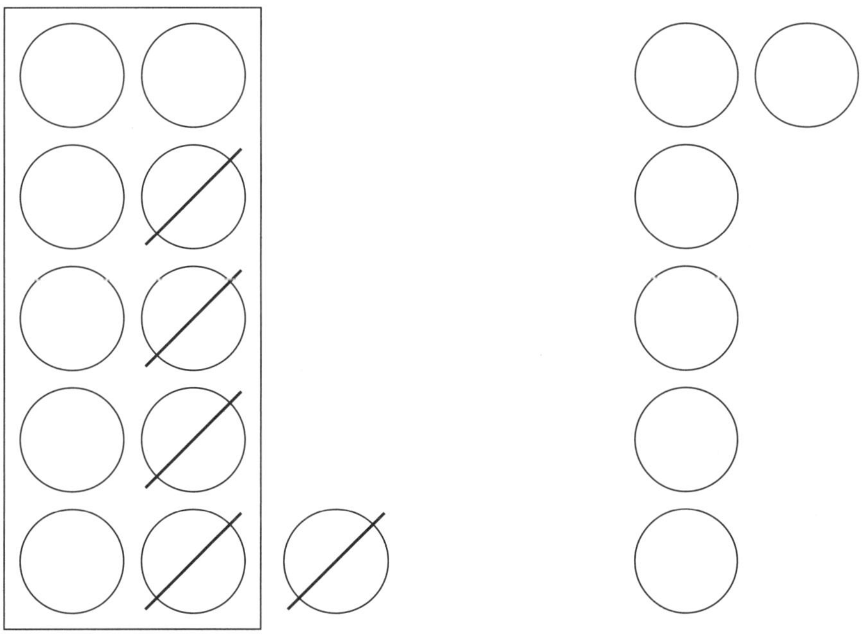

11 – 5 = 6

Rechnen bis 20

1. Male selbst.

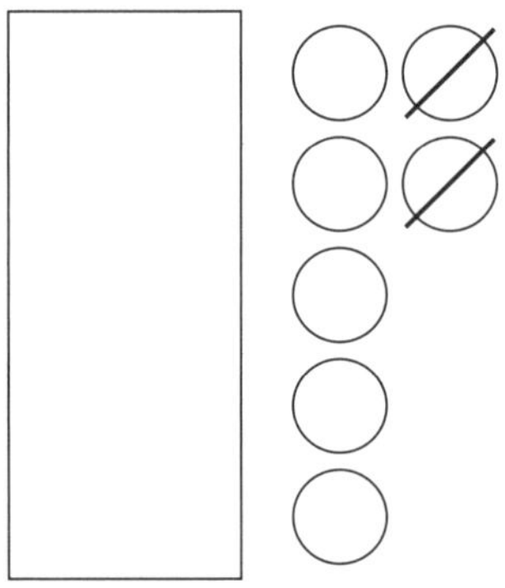

17 – 2 =	15 – 4 =	12 – 2 =

2. Rechne erst. Male die Ergebnisse bunt aus.

7 – 5 =	17 – 5 =	1 – 1 =	11 – 1 =
2 – 2 =	12 – 2 =	9 – 7 =	19 – 7 =
6 – 3 =	16 – 3 =	4 – 3 =	14 – 3 =
8 – 4 =	18 – 4 =	6 – 6 =	16 – 6 =
5 – 4 =	15 – 4 =	3 – 2 =	16 – 2 =

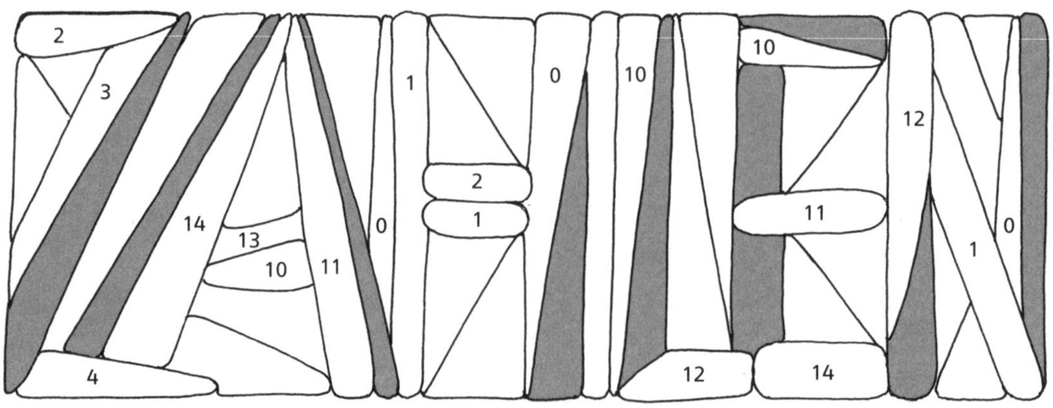

Rechnen bis 20

1. Male selbst.

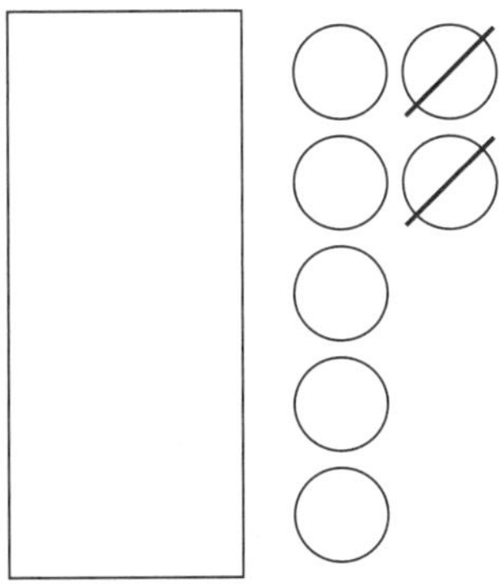

17 – 2 = *15*

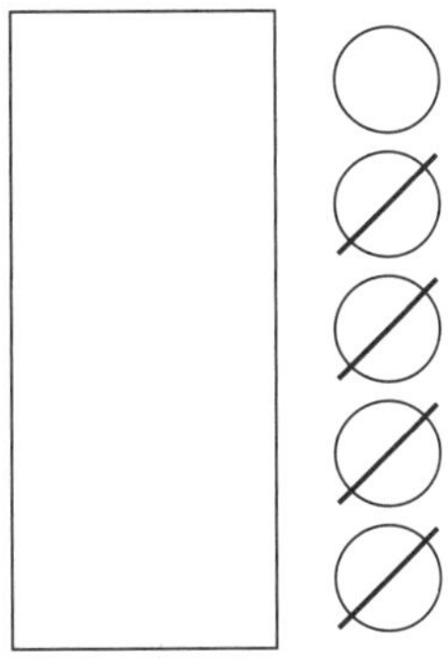

15 – 4 = *11*

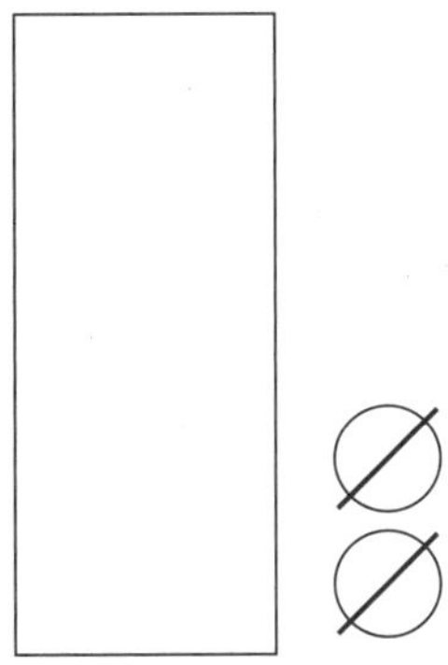

12 – 2 = *10*

2. Rechne erst. Male die Ergebnisse bunt aus.

7 – 5 = *2*	17 – 5 = *12*	1 – 1 = *0*	11 – 1 = *10*
2 – 2 = *0*	12 – 2 = *10*	9 – 7 = *2*	19 – 7 = *12*
6 – 3 = *3*	16 – 3 = *13*	4 – 3 = *1*	14 – 3 = *11*
8 – 4 = *4*	18 – 4 = *14*	6 – 6 = *0*	16 – 6 = *10*
5 – 4 = *1*	15 – 4 = *11*	3 – 2 = *1*	16 – 2 = *14*

Grundaufgaben bis 20

Beispiele:

Plus

1.	12 + 7 = [19]	13 + 4 = [ ]
2.	13 + [5] = 18	15 + [ ] = 20
3.	6 + [8] = 14	7 + 9 = [ ]

Minus

1.	18 – 5 = 13	9 – 7 = [ ]
2.	19 – [7] = 12	15 – [ ] = 11
3.	12 – 6 = [6]	13 – 8 = [ ]

Kettenaufgaben

1.	18 – 6 + 5 = [ ]	20 – 7 + 1 = [ ]
2.	13 + 7 – 4 = [ ]	17 – 9 + [ ] = 14
3.	[ ] + 5 – 9 = 11	15 + 4 – [ ] = 1

Grundaufgaben bis 20

1. Rechne aus.

1 + □ = 16	□ − 4 = 1	□ + 3 = 18
12 + □ = 12	12 + □ = 17	11 + 1 = □
13 − □ = 3	19 + 1 = □	□ − 4 = 15
7 + 4 = □	13 + 2 = □	□ + 0 = 18
□ + 17 = 20	□ + 3 = 4	13 − □ = 6
□ + 0 = 9	□ − 6 = 0	□ − 6 = 5
0 + □ = 7	17 + □ = 18	9 + 1 = □
□ − 4 = 0	17 + 1 = □	3 + 1 = □
□ + 14 = 16	12 − □ = 5	12 − □ = 11
0 + □ = 16	13 + □ = 14	8 + 5 = □
□ + 11 = 20	8 − □ = 1	19 + 0 = □
3 + □ = 7	□ + 9 = 13	□ − 0 = 3
□ − 1 = 2	13 − □ = 5	19 − □ = 4
□ + 5 = 8	□ + 12 = 17	□ − 4 = 6
6 − 0 = □	10 − □ = 1	□ + 13 = 15
□ − 0 = 9	18 + □ = 19	□ − 3 = 1
2 − 0 = □	0 + □ = 5	8 + □ = 19

Grundaufgaben bis 20

1. Rechne aus.

1 + *15* = 16	*5* − 4 = 1	*15* + 3 = 18
12 + *0* = 12	12 + *5* = 17	11 + 1 = *12*
13 − *10* = 3	19 + 1 = *20*	*19* − 4 = 15
7 + 4 = *11*	13 + 2 = *15*	*18* + 0 = 18
3 + 17 = 20	*1* + 3 = 4	13 − *7* = 6
9 + 0 = 9	*6* − 6 = 0	*11* − 6 = 5
0 + *7* = 7	17 + *1* = 18	9 + 1 = *10*
4 − 4 = 0	17 + 1 = *18*	3 + 1 = *4*
2 + 14 = 16	12 − *7* = 5	12 − *1* = 11
0 + *16* = 16	13 + *1* = 14	8 + 5 = *13*
9 + 11 = 20	8 − *7* = 1	19 + 0 = *19*
3 + *4* = 7	*4* + 9 = 13	*3* − 0 = 3
3 − 1 = 2	13 − *8* = 5	19 − *15* = 4
3 + 5 = 8	*5* + 12 = 17	*10* − 4 = 6
6 − 0 = *6*	10 − *9* = 1	*2* + 13 = 15
9 − 0 = 9	18 + *1* = 19	*4* − 3 = 1
2 − 0 = *2*	0 + *5* = 5	8 + *11* = 19

Geldbeträge

Wie viele?

5 EURO

5 EURO

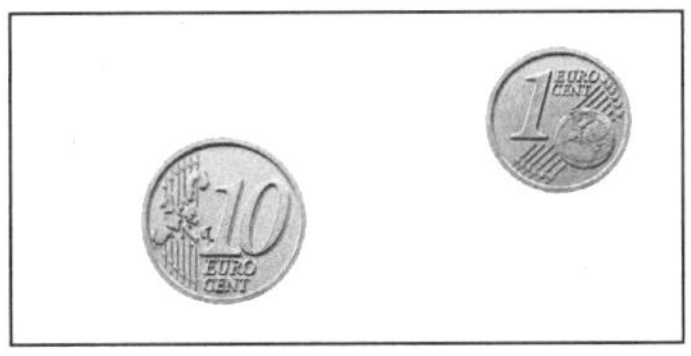
10 EURO CENT
1 EURO CENT

2 EURO
1 EURO

5 €

Gewechselt:

2 EURO
2 EURO
1 EURO

Geldbeträge

1.

9 €

15 ct

2.

→ 2 2 2 2 2

→

→

→

Kopiervorlage 17c: Lösungen zum Arbeitsblatt 17b

Geldbeträge

1.

9 €

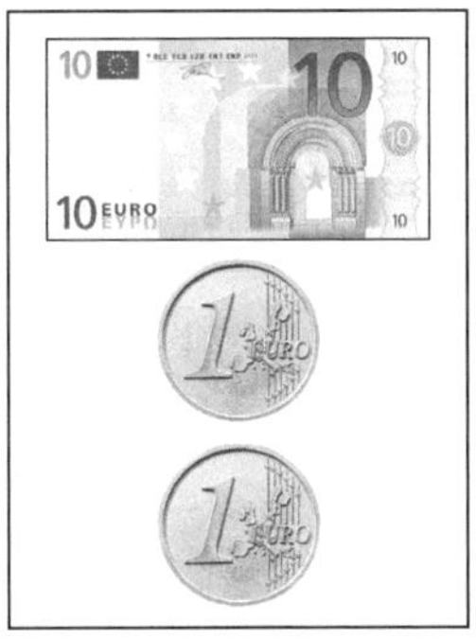

12 €

11 €

16 €

15 ct

16 ct

13 ct

17 ct

2.

 → 2 2 2 2 2

 → *2 1 1 1*

 → *5 2 2 1*

 → *10 10*

Rechnen mit Geld

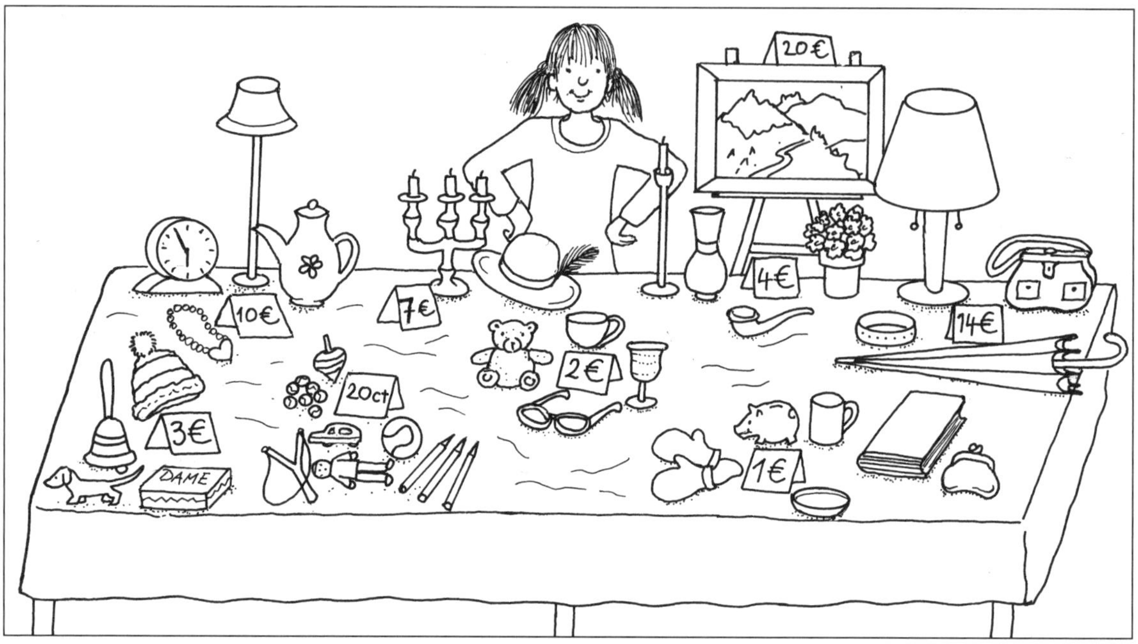
20€
10€
7€
4€
14€
2€
20ct
3€
DAME
1€

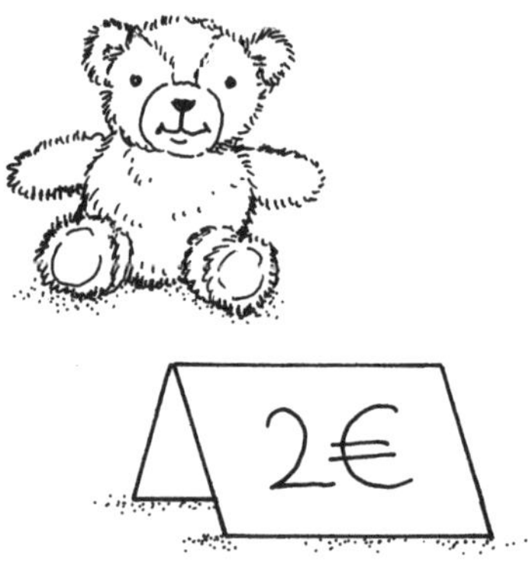
2€

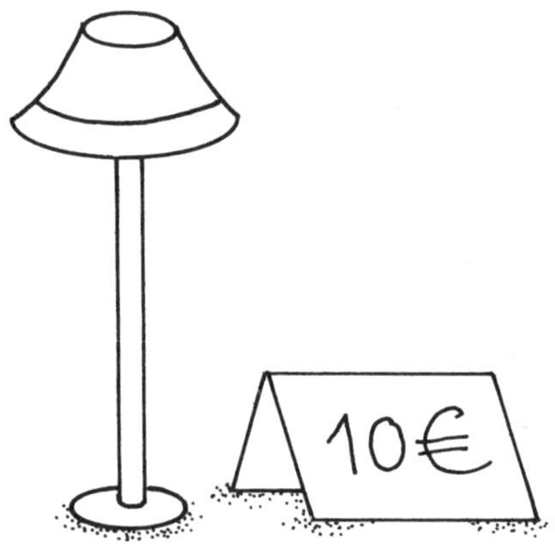
10€

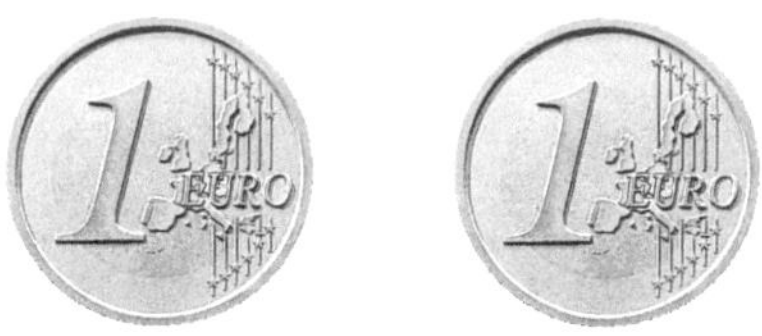
1 EURO
1 EURO

Rechnen mit Geld

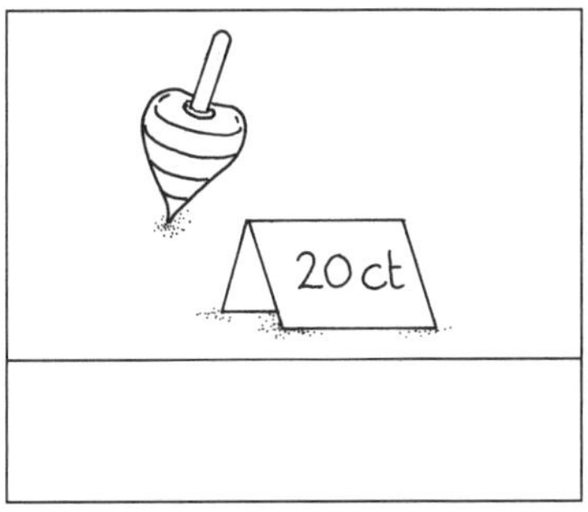

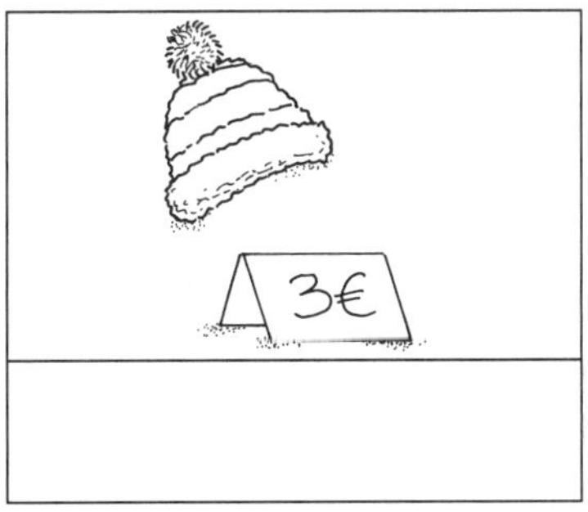

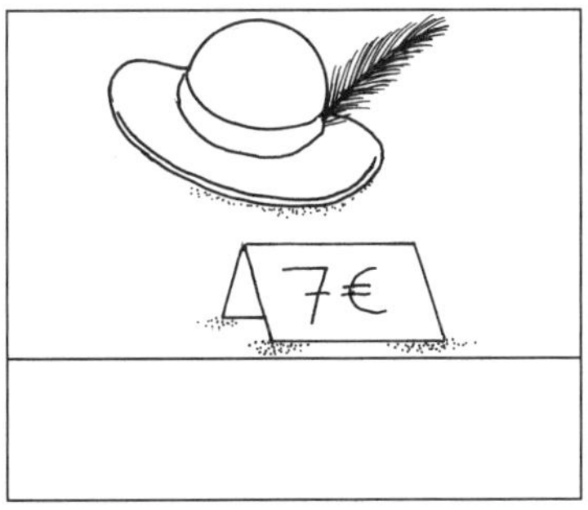

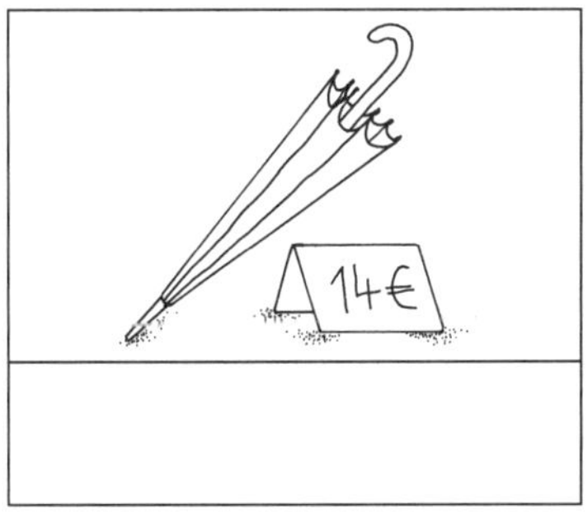

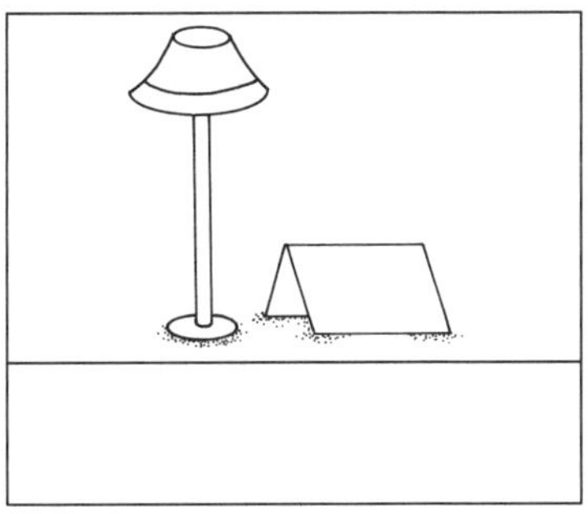

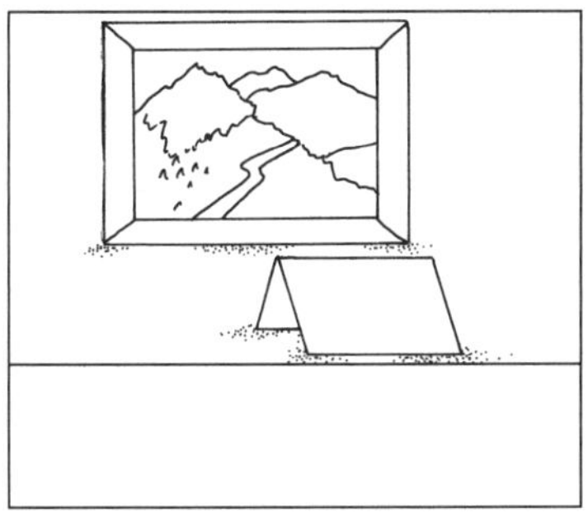

Rechnen mit Geld

10 10

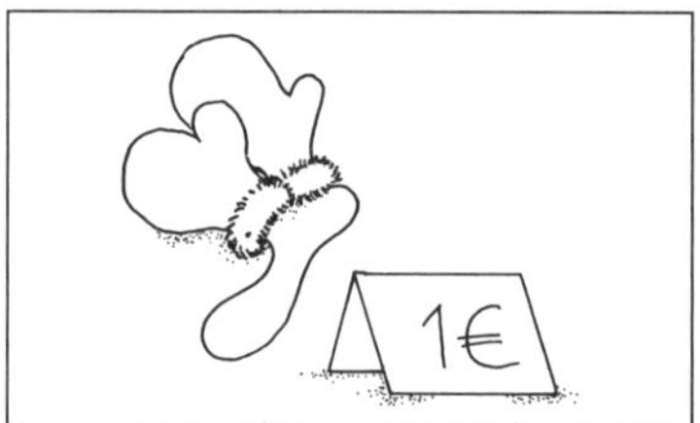

1

1 2

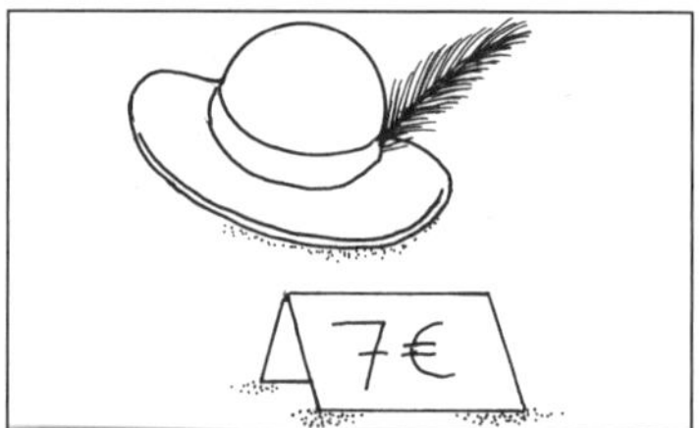

2 2 2 1

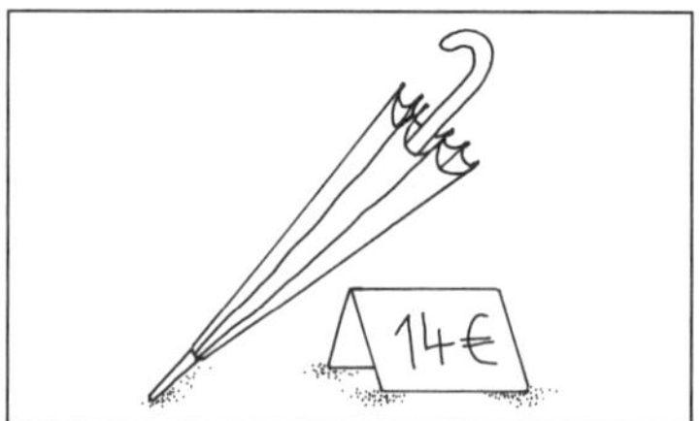

10 2 2

1 1

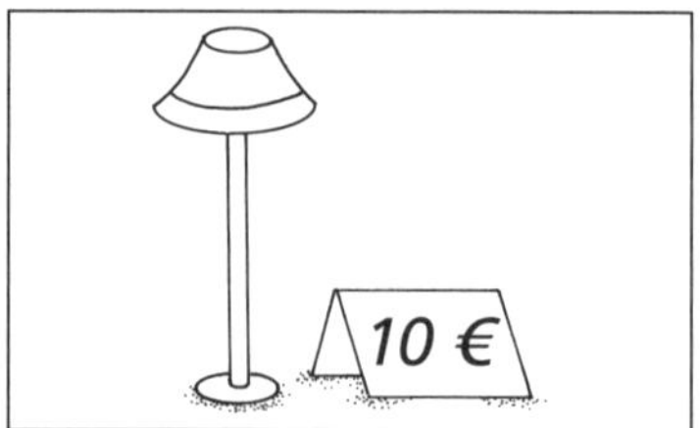

5 5

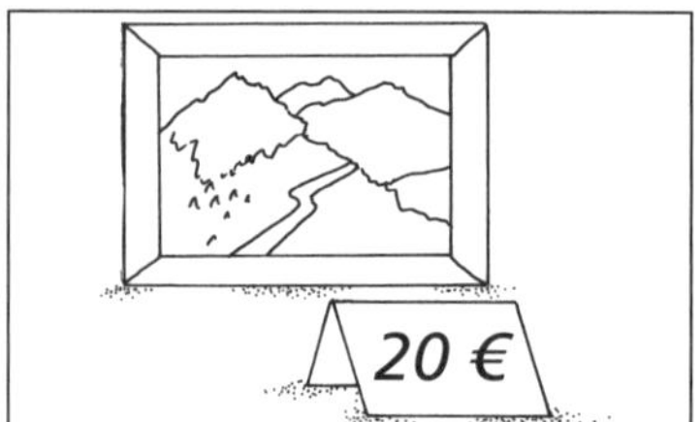

10 10

Die Wochentage

Der Tag vor Sonntag war?

Die Wochentage

1.

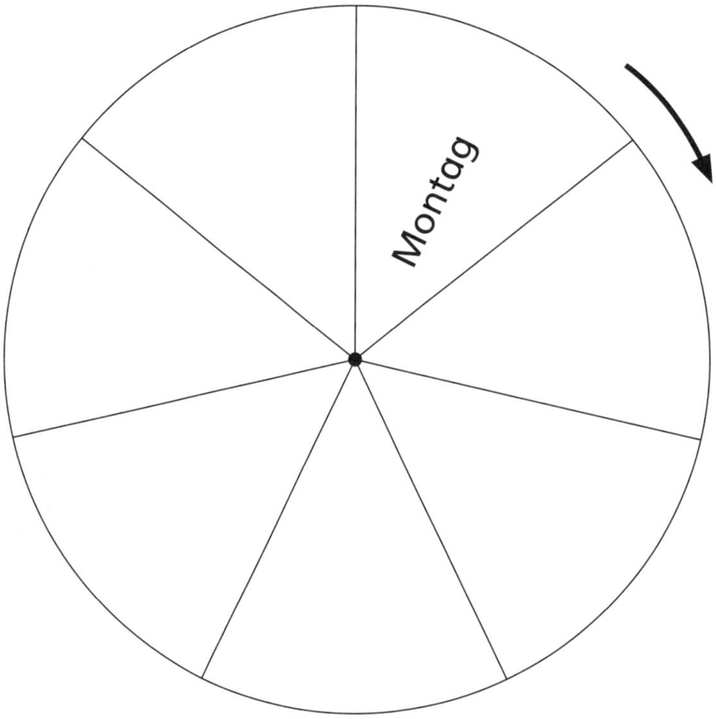

2. Fülle die Tabelle aus.

vorgestern	gestern	heute	morgen	übermorgen
		Mittwoch		
		Freitag		
			Dienstag	
	Mittwoch			
Sonntag				

3. Montag —(+ 5 Tage)→ Samstag | Mittwoch —(+ 3 Tage)→ Samstag

Sonntag —(+ 7 Tage)→ ____________ | Freitag —(+ 4 Tage)→ ____________

Samstag —(– 5 Tage)→ ____________ | Dienstag —(– 3 Tage)→ ____________

Die Wochentage

1.

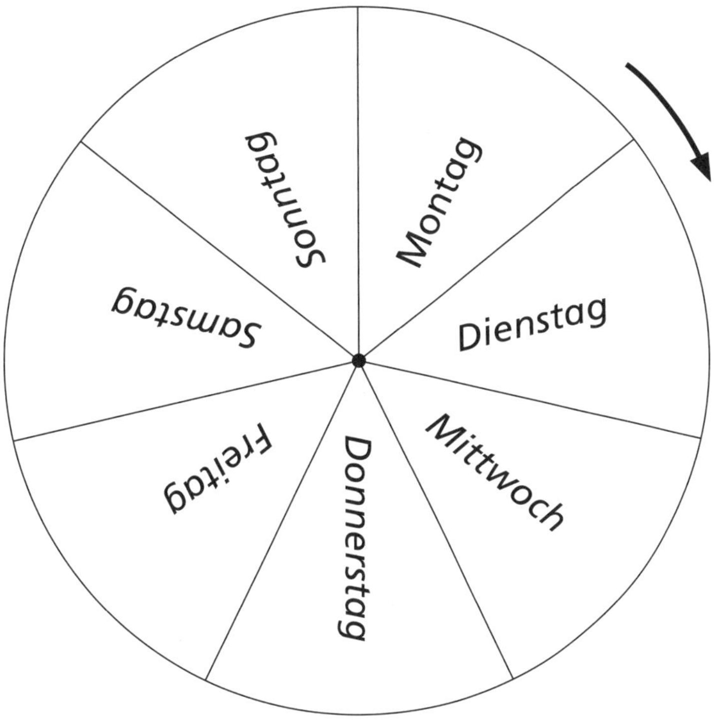

2. Fülle die Tabelle aus.

vorgestern	gestern	heute	morgen	übermorgen
Montag	*Dienstag*	Mittwoch	*Donnerstag*	*Freitag*
Mittwoch	*Donnerstag*	Freitag	*Samstag*	*Sonntag*
Samstag	*Sonntag*	*Montag*	Dienstag	*Mittwoch*
Dienstag	Mittwoch	*Donnerstag*	*Freitag*	*Samstag*
Sonntag	*Montag*	*Dienstag*	*Mittwoch*	*Donnerstag*

3. Montag —(+ 5 Tage)→ Samstag   Mittwoch —(+ 3 Tage)→ Samstag

Sonntag —(+ 7 Tage)→ *Sonntag*   Freitag —(+ 4 Tage)→ *Dienstag*

Samstag —(– 5 Tage)→ *Montag*   Dienstag —(– 3 Tage)→ *Samstag*

Volle Stunden

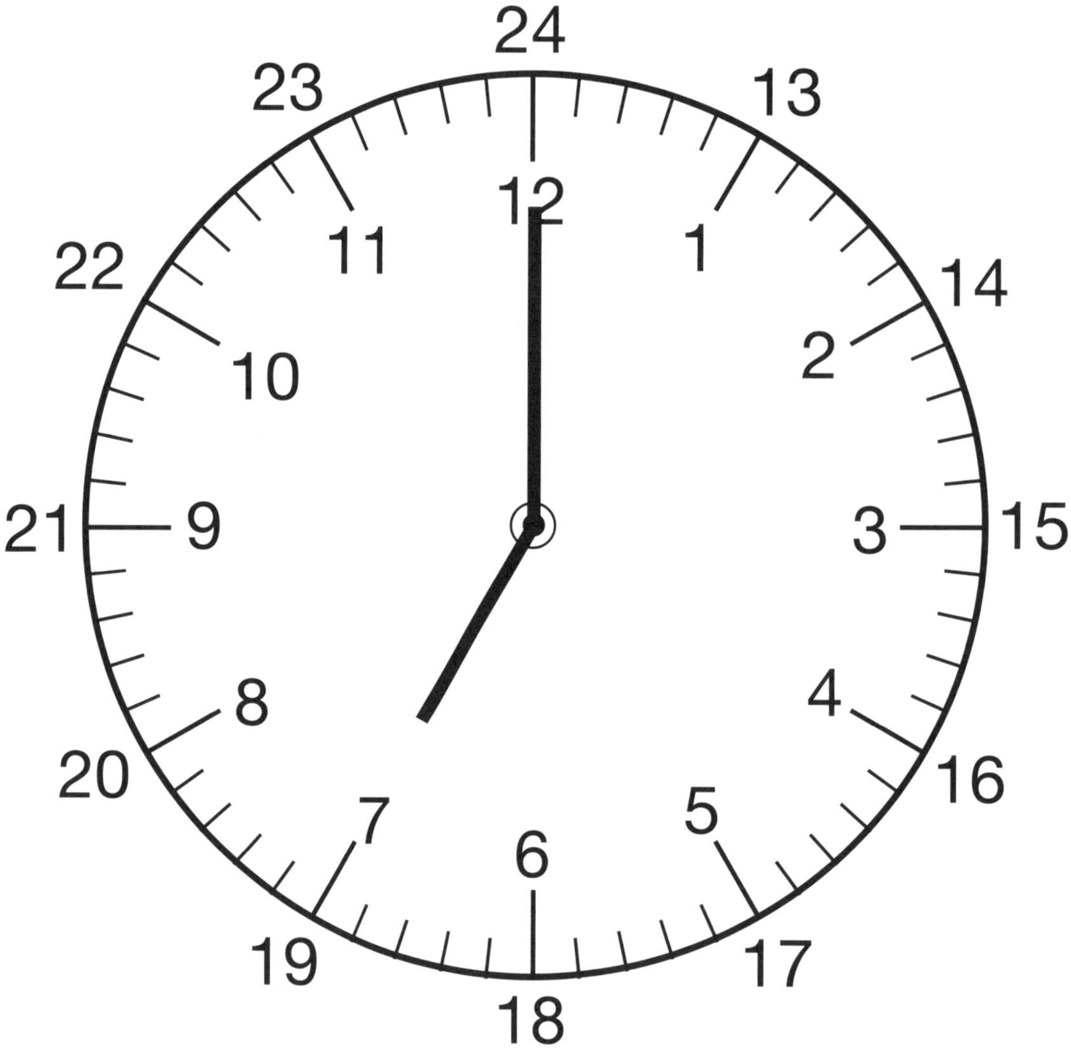

Man sagt:

7 Uhr oder 19 Uhr

Auf der Digitaluhr steht:

7:00 oder 19:00

Tageszeit:

7:00 Uhr ist morgens.

19:00 Uhr ist abends.

Volle Stunden

1. Zeichne die Zeiger ein.

a) b) c) d) e) f)

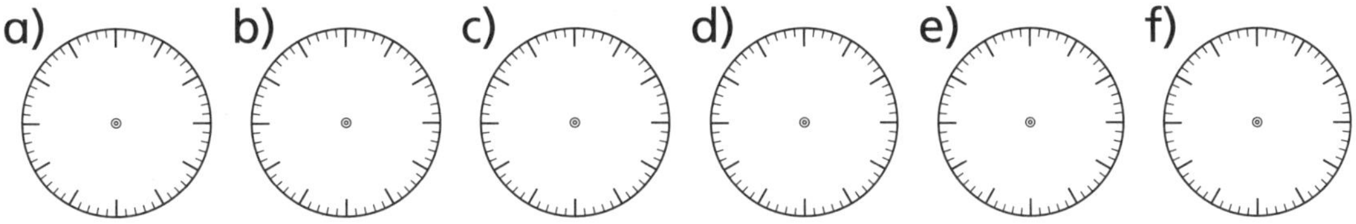

3 Uhr | 18 Uhr | 14 Uhr | 7 Uhr | 10 Uhr | 24 Uhr

g) h) i) j) k) l)

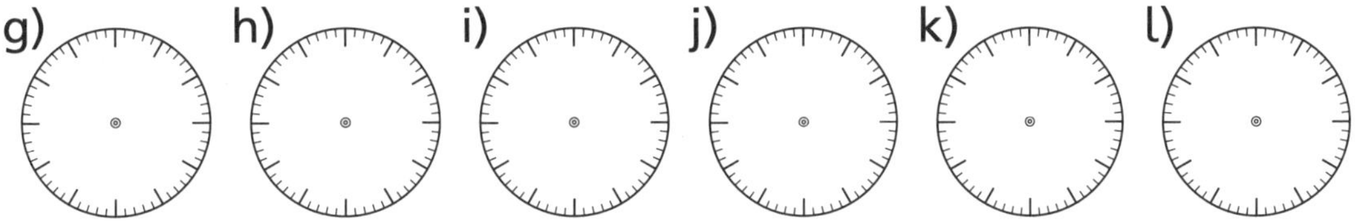

6 Uhr | 17 Uhr | 15 Uhr | 22 Uhr | 9 Uhr | 21 Uhr

2. Was zeigt die Digitaluhr an?

a) b) c) d) e) f)

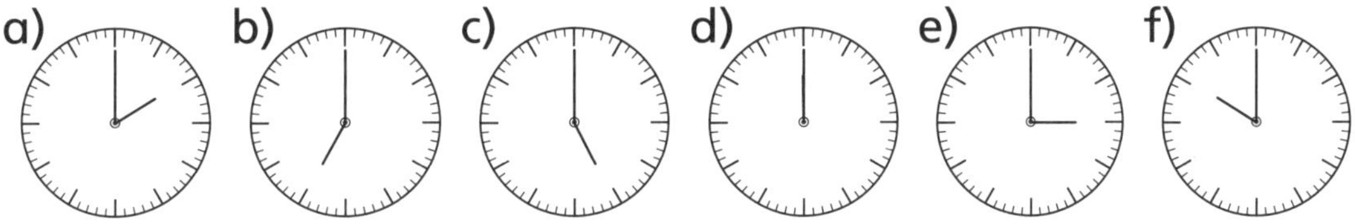

oder:

3. Welche Tageszeit? Verbinde.

14:00 Uhr | **1:00 Uhr** | **16:00 Uhr** | **20:00 Uhr** | **24:00 Uhr**

Nachmittag | **Mitternacht** | **Abend** | **Mittag** | **Nacht**

Volle Stunden

1. Zeichne die Zeiger ein.

a) b) c) d) e) f)

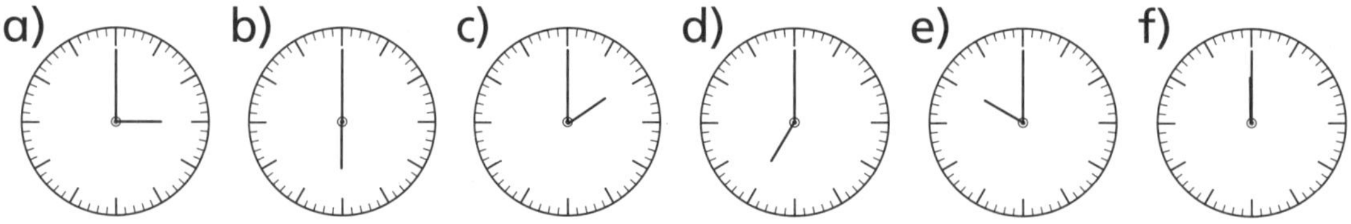

3 Uhr | 18 Uhr | 14 Uhr | 7 Uhr | 10 Uhr | 24 Uhr

g) h) i) j) k) l)

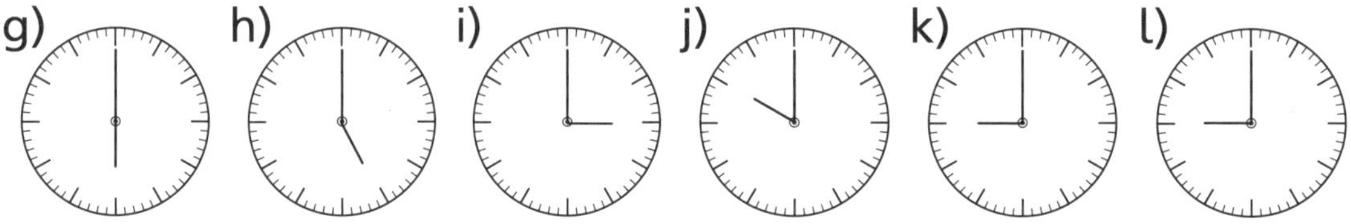

6 Uhr | 17 Uhr | 15 Uhr | 22 Uhr | 9 Uhr | 21 Uhr

2. Was zeigt die Digitaluhr an?

a) b) c) d) e) f)

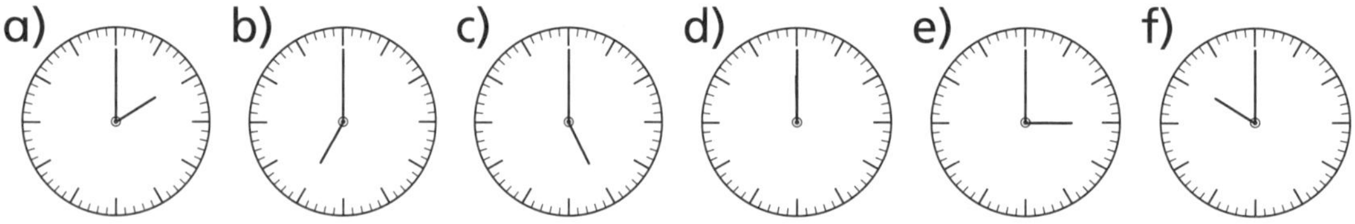

2 Uhr	*7 Uhr*	*5 Uhr*	*12 Uhr*	*3 Uhr*	*10 Uhr*

oder:

14 Uhr	*19 Uhr*	*17 Uhr*	*24 Uhr*	*15 Uhr*	*22 Uhr*

3. Welche Tageszeit? Verbinde.

14:00 Uhr | **1:00 Uhr** | **16:00 Uhr** | **20:00 Uhr** | **24:00 Uhr**

Nachmittag | **Mitternacht** | **Abend** | **Mittag** | **Nacht**

Bestimmen von Anzahlen

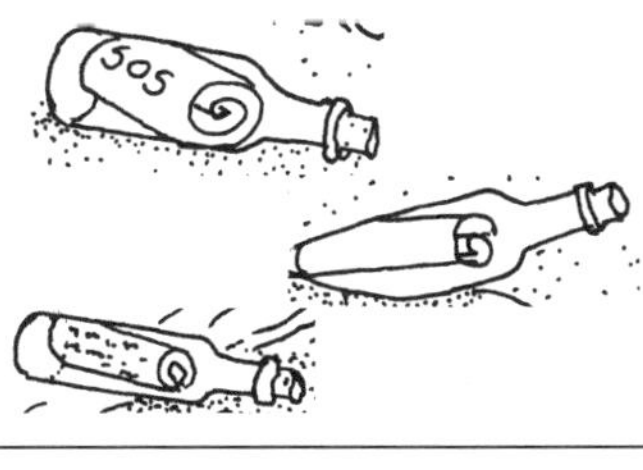	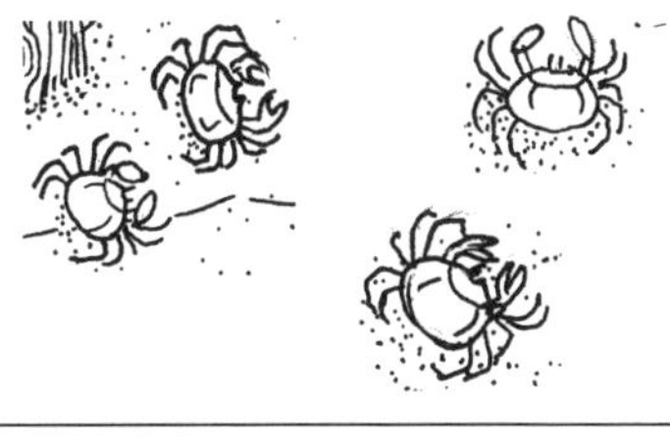	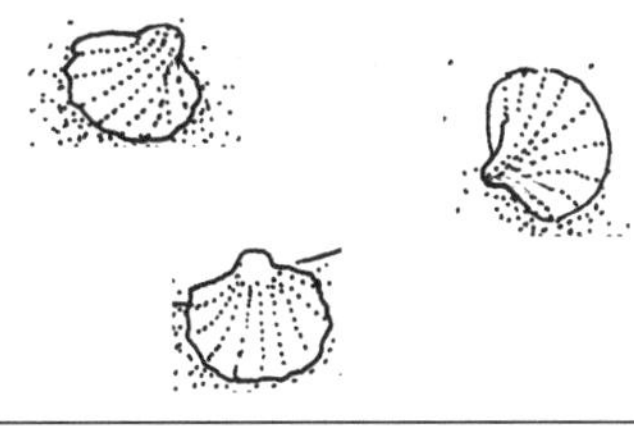
4		

Bestimmen von Anzahlen

1. Wie viele?

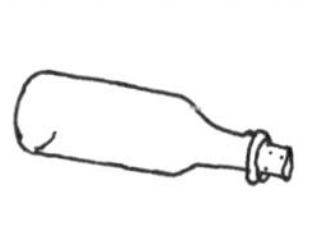					
4					

					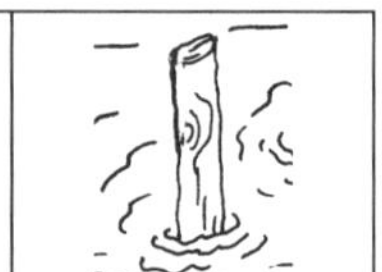

Bestimmen von Anzahlen

1. Wie viele?

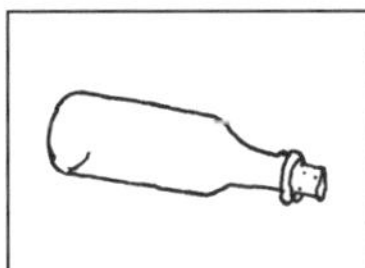		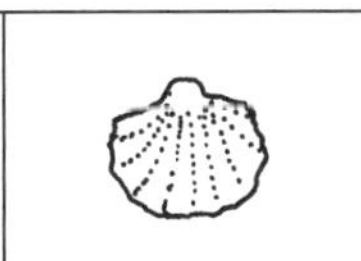		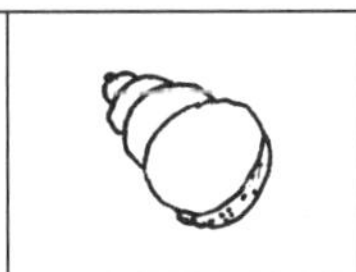	
4	11	15	6	9	10

	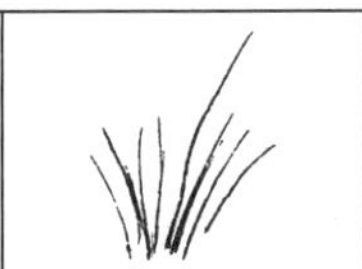				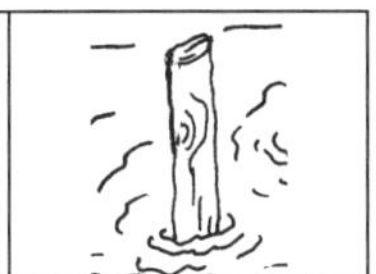
5	3	8	2	3	7

Erkennen von Grundformen

	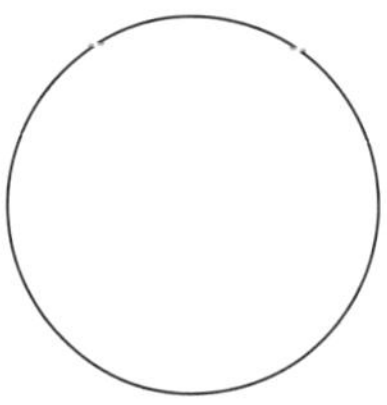	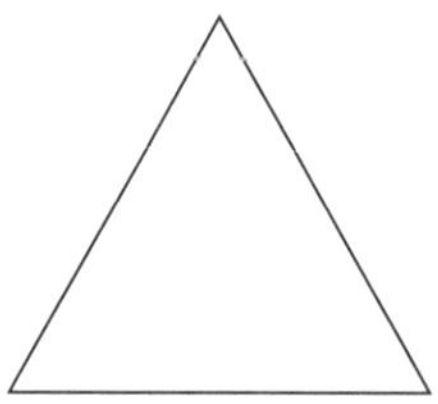	
Quadrat	**Kreis**	**Dreieck**	**Rechteck**

Erkennen von Grundformen

1. Schau den Gemüsestand an.

Male an: Blau:  Gelb:  Grün: 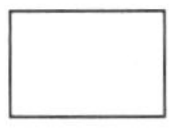

Rot: 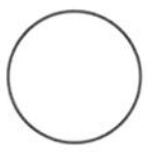

2. Trage ein.

	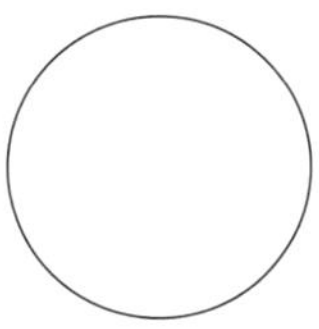	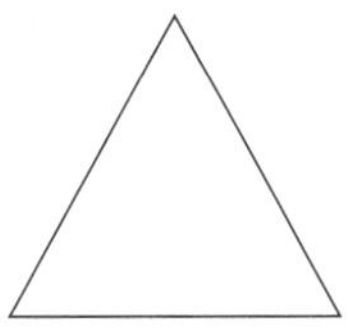	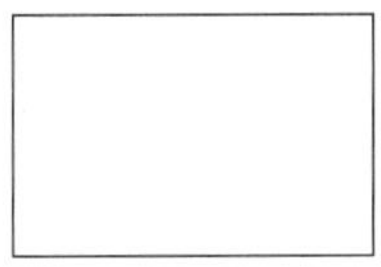
Quadrat			

Erkennen von Grundformen

1. Schau den Gemüsestand an.

Male an: Blau: □ Gelb: △ Grün: ▭
Rot: ○

2. Trage ein.

	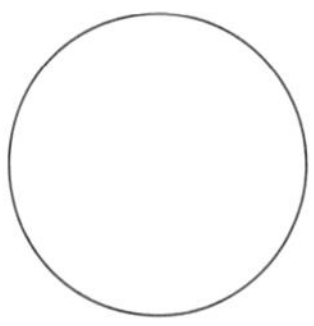	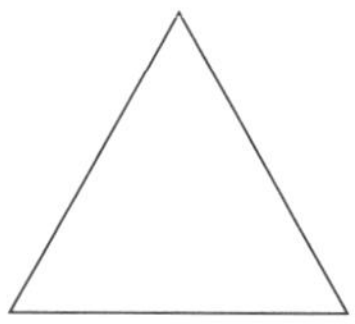	
Quadrat	*Kreis*	*Dreieck*	*Rechteck*

Lagebeziehungen

Fips ist oben.

Piko ist in der Mitte.

Willi ist unten.

Luzie ist links.

Grete ist rechts.

Darstellung von Zahlen

1. Wie heißen die abgebildeten Zahlen?

a) 

3 Z 4 E = 34

b) 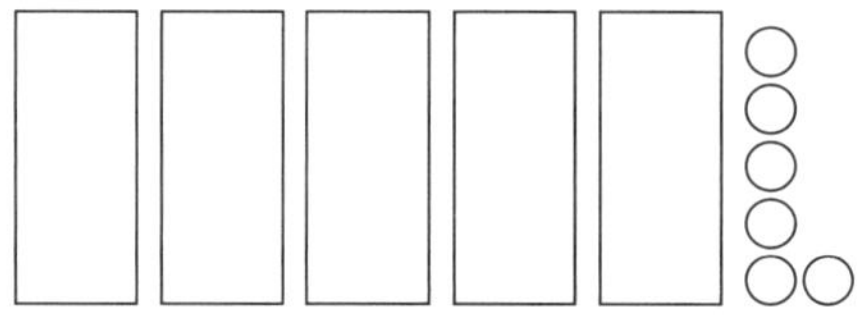

5 Z 6 E = 56

c) 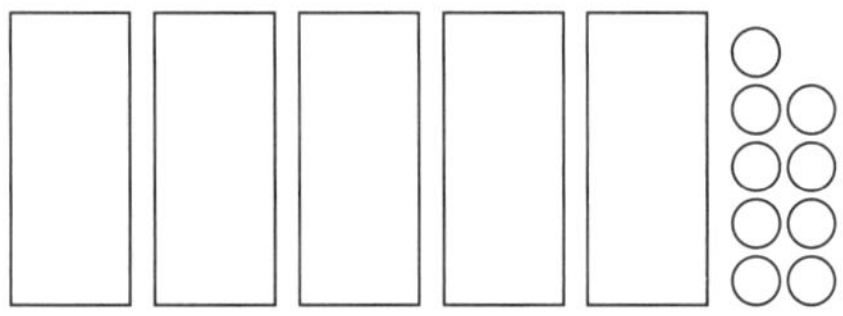

5 Z 9 E = 59

d) 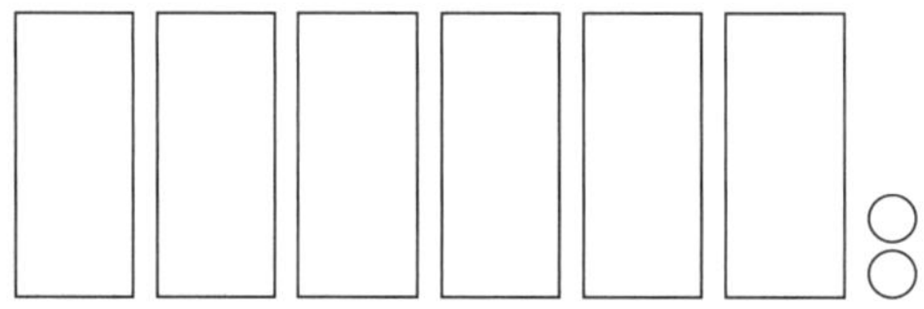

6 Z 2 E = 62

2. Male die folgenden Zahlen in dein Heft.

a) 47 b) 17 c) 100 d) 23 e) 78 f) 39 g) 81

3. Trage in die Tabelle ein.

a)

H	Z	E
	4	5
		3
	6	6

4 Z 5 E
0 Z 3 E
6 Z 6 E

Denke daran:
10 E = 1 Z

b)

H	Z	E
	2	0
	4	3
1	0	0

1 Z 10 E
3 Z 13 E
10 Z 0 E

4. Erfinde selbst 10 Zahlen wie in Aufgabe 3.
Zeichne eine Tabelle in dein Heft und
lass die Zahlen durch einen Mitschüler eintragen.

Lagebeziehungen

Fips ist oben.

Piko ist in der Mitte.

Willi ist unten.

Luzie ist links.

Grete ist rechts.

Lagebeziehungen

Lagebeziehungen

Darstellung von Zahlen

Du weißt:

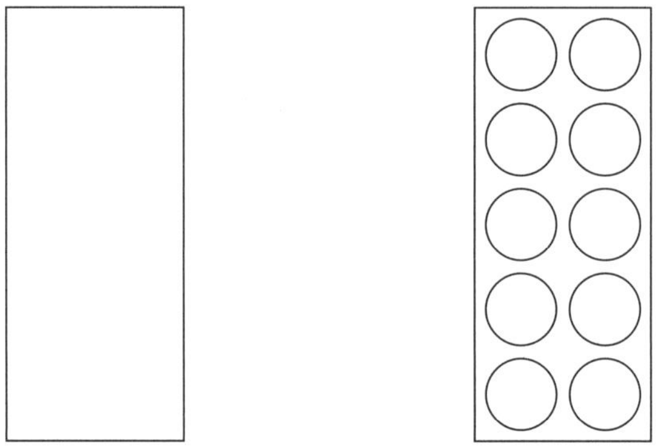

1 Zehner (1 Z) = 10 Einer (10 E)

Wie viele Zehner und Einer?

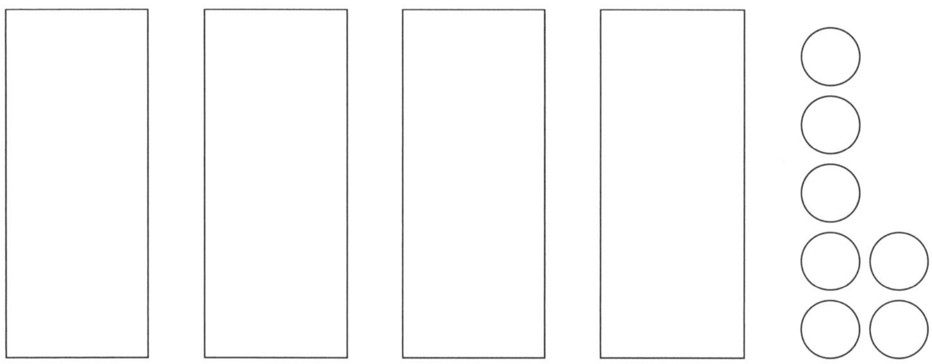

4 Zehner 7 Einer oder kurz: 4 Z 7 E

Schreibe richtig in die Tabelle:

H	Z	E
	4	7

Die Zahl heißt: **47**

Darstellung von Zahlen

1. Wie heißen die abgebildeten Zahlen?

a) 

____ Z ____ E = ____

b) 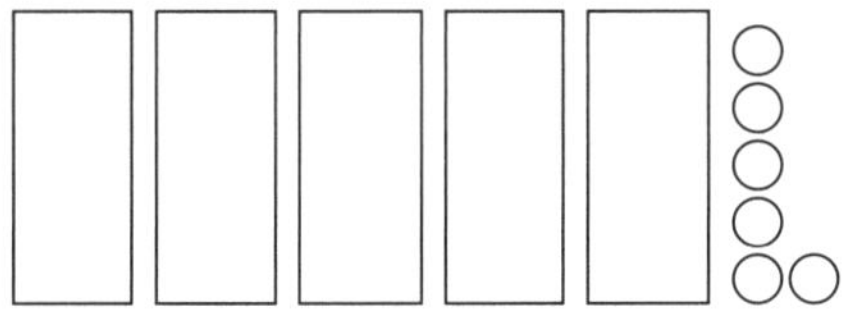

____ Z ____ E = ____

c) 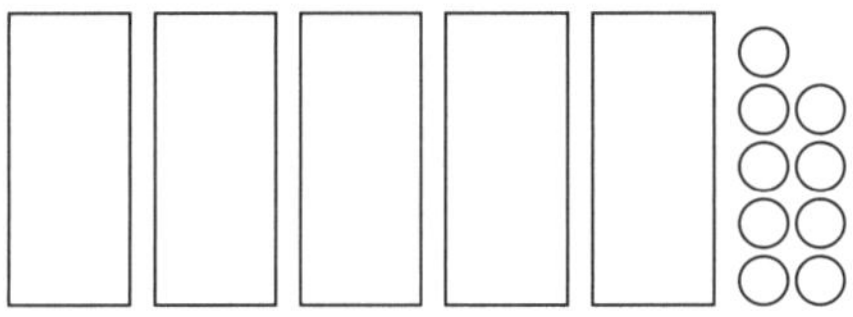

____ Z ____ E = ____

d) 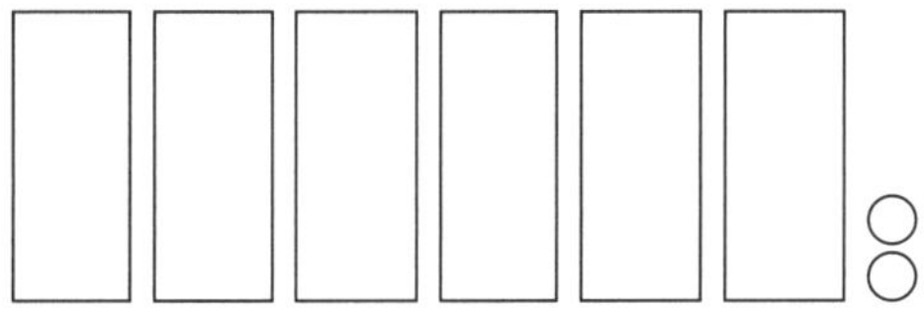

____ Z ____ E = ____

2. Male die folgenden Zahlen in dein Heft.

a) 47 b) 17 c) 100 d) 23 e) 78 f) 39 g) 81

3. Trage in die Tabelle ein.

a)

H	Z	E

4 Z 5 E
0 Z 3 E
6 Z 6 E

Denke daran:
10 E = 1 Z

b)

H	Z	E

1 Z 10 E
3 Z 13 E
10 Z 0 E

4. Erfinde selbst 10 Zahlen wie in Aufgabe 3.
Zeichne eine Tabelle in dein Heft und
lass die Zahlen durch einen Mitschüler eintragen.

Darstellung von Zahlen

1. Wie heißen die abgebildeten Zahlen?

a) 

_3_ Z _4_ E = _34_

b) 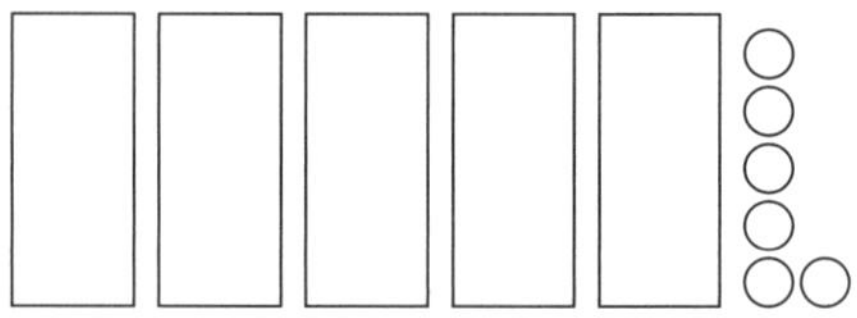

_5_ Z _6_ E = _56_

c) 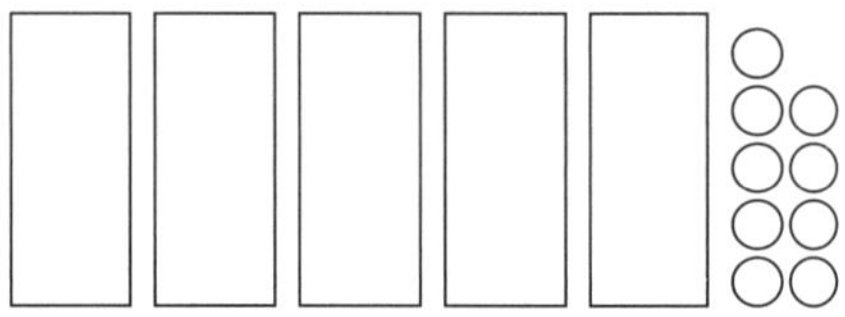

_5_ Z _9_ E = _59_

d) 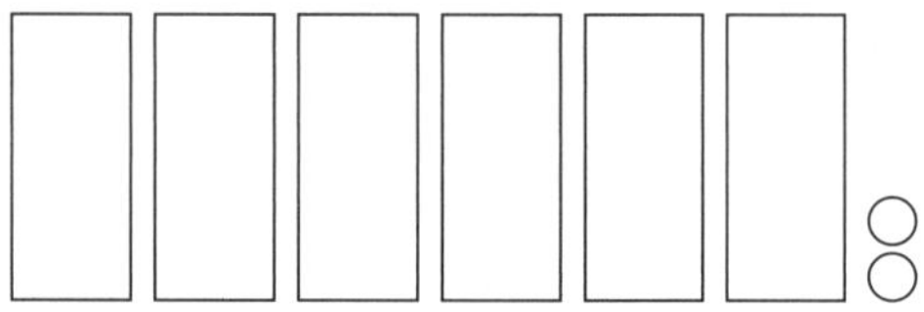

_6_ Z _2_ E = _62_

2. Male die folgenden Zahlen in dein Heft.

a) 47 b) 17 c) 100 d) 23 e) 78 f) 39 g) 81

3. Trage in die Tabelle ein.

a)

H	Z	E
	4	5
		3
	6	6

4 Z 5 E
0 Z 3 E
6 Z 6 E

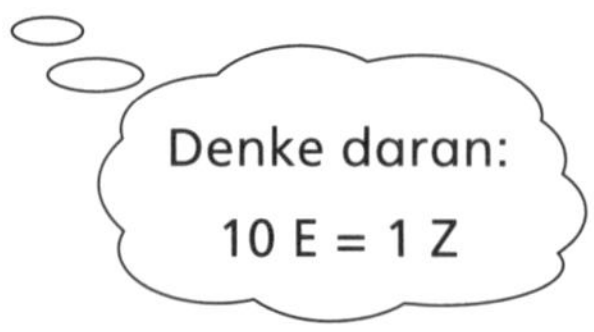

b)

H	Z	E
	2	0
	4	3
1	0	0

1 Z 10 E
3 Z 13 E
10 Z 0 E

4. Erfinde selbst 10 Zahlen wie in Aufgabe 3.
Zeichne eine Tabelle in dein Heft und
lass die Zahlen durch einen Mitschüler eintragen.

Das Hunderterfeld

1. Trage die fehlenden Zahlen in das Hunderterfeld ein.

2. Zu welcher Zahl kommst du?

13 → → → ↓ ______

immer einen Einer (E) mehr →

immer einen Zehner (Z) mehr ↓

1	2		4	5	6	7		9	10
11		13	14		16	17	18	19	
21		23	24	25	26	27	28		
	32	33	34		36	37	38		40
41	42	43		45	46		48	49	50
51	52			55		57	58	59	60
	62	63	64	65	66	67	68		
71	72	73	74	75	76	77		79	80
		83	84	85	86		88	89	90
						97	98	99	

Das Hunderterfeld

1. Trage die fehlenden Zahlen in das Hunderterfeld ein.

	2	3				7	8	9	
11	12			15			18	19	
	22	23			26	27			
		33	34	35	36	37	38		40
41	42	43	44	45	46	47			
				55	56				
61			64	65				69	70
		73	74	75	76	77	78		
81		83			86	87		89	90
91						97	98		

2. Male alle Zahlen, in denen eine 5 vorkommt, rot an.

3. Beantworte folgende Fragen:

a) Was passiert, wenn man im Hunderterfeld um eins nach unten geht?

____

b) Was passiert, wenn man im Hunderterfeld um eins nach links geht?

____

4. Zu welcher Zahl kommst du?

a) 66 → → → ↑ _____ b) 14 ↓ ↓ ← ← _____ c) 98 ← ← ← ↑ → ↓ _____

51 → ↑ ↑ → _____ 47 ← ← ↓ ↓ _____ 3 ↓ ↓ ← ↓ ← ↓ _____

48 ↓ ↓ → ↑ _____ 73 ↑ → ↓ ← _____ 81 ↑ → ↑ → ↑ → _____

5. Welche Wege musst du gehen? Finde mindestens drei Möglichkeiten. Male Pfeile in dein Heft.

a) von 25 zu 59 b) von 91 zu 55

Das Hunderterfeld

1. Trage die fehlenden Zahlen in das Hunderterfeld ein.

2. Male alle Zahlen, in denen eine 5 vorkommt, rot an.

1	2	3	4	*5*	*6*	7	8	9	*10*
11	12	*13*	*14*	15	*16*	*17*	18	19	*20*
21	22	23	*24*	*25*	26	27	*28*	*29*	*30*
31	*32*	33	34	35	36	37	38	*39*	40
41	42	43	44	45	46	47	*48*	*49*	*50*
51	*52*	*53*	*54*	55	56	*57*	*58*	*59*	*60*
61	*62*	*63*	64	65	*66*	*67*	*68*	69	70
71	*72*	73	74	75	76	77	78	*79*	*80*
81	*82*	83	*84*	*85*	86	87	*88*	89	90
91	*92*	*93*	*94*	*95*	*96*	97	98	*99*	*100*

3. Beantworte folgende Fragen:

a) Was passiert, wenn man im Hunderterfeld um eins nach unten geht?

Die Zahl wird um 10 größer.

b) Was passiert, wenn man im Hunderterfeld um eins nach links geht?

Die Zahl wird um 1 kleiner.

4. Zu welcher Zahl kommst du?

a) 66 →→→↑ *59*
51 →↑↑→ *33*
48 ↓↓→↑ *59*

b) 14 ↓↓←← *32*
47 ←←↓↓ *65*
73 ↑→↓← *73*

c) 98 ←←←↑→↓ *96*
3 ↓↓←↓←↓ *41*
81 ↑→↑→↑→ *54*

5. Welche Wege musst du gehen? Finde mindestens drei Möglichkeiten. Male Pfeile in dein Heft.

a) von 25 zu 59 b) von 91 zu 55

Zahlennachbarn

1. Wie heißen die 10er-Zahlennachbarn?

10	**20**	*30*
	30	

2. Wie heißen die 1er-Zahlennachbarn?

33	**34**	*35*
	45	

3. Vervollständige die Reihen.

a)	**20**	**30**	*40*	*50*	*60*	*70*
b)			**70**	**80**		
c)		**15**			**45**	

Zahlennachbarn

1. Wie heißen die 10er-Zahlennachbarn?

a)

	20	
	30	
	40	

b)

	51	
	61	
	71	

c)

10		
		60
	80	

d)

34		
		99
	43	

2. Wie heißen die 1er-Zahlennachbarn?

a)

	4	
	14	
	24	
	34	
	44	

b)

	45	
	31	
	40	
	67	
	98	

3. Vervollständige die Reihen.

a)				50	60			
b)			34	35				
c)						71	81	

4. Finde selbst mindestens drei Reihen und lasse sie durch einen Mitschüler vervollständigen. Nutze dein Heft.

Zahlennachbarn

1. Wie heißen die 10er-Zahlennachbarn?

a)

10	20	30
20	30	40
30	40	50

b)

50	51	60
60	61	70
70	71	80

c)

10	20	30
40	50	60
70	80	90

d)

34	40	50
80	90	99
40	43	50

2. Wie heißen die 1er-Zahlennachbarn?

a)

3	4	5
13	14	15
23	24	25
33	34	35
43	44	45

b)

44	45	46
30	31	32
39	40	41
66	67	68
97	98	99

3. Vervollständige die Reihen.

a)	20	30	40	50	60	70	80	90
b)	32	33	34	35	36	37	38	39
c)	21	31	41	51	61	71	81	91

4. Finde selbst mindestens drei Reihen und lasse sie durch einen Mitschüler vervollständigen. Nutze dein Heft.

Der Zahlenstrahl

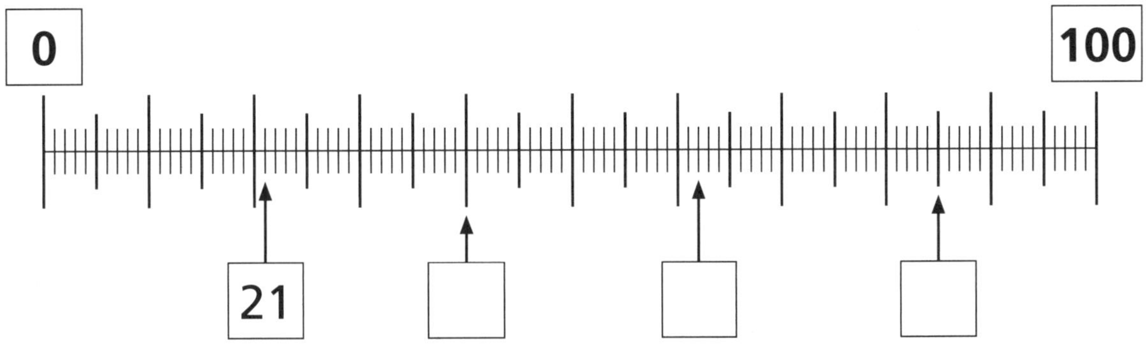

Merke:

Nach rechts werden die Zahlen immer größer, nach links immer kleiner!

Beispiel: 21 < 40

24 ○ 14

15 ○ 12

33 ○ 9

85 ○ 98

67 ○ 53

72 ○ 71

Der Zahlenstrahl

1. Schreibe die richtigen Zahlen in die Kästchen.

a)

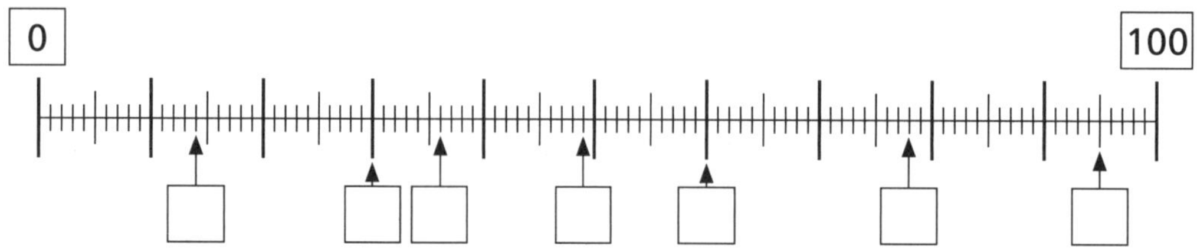

b)

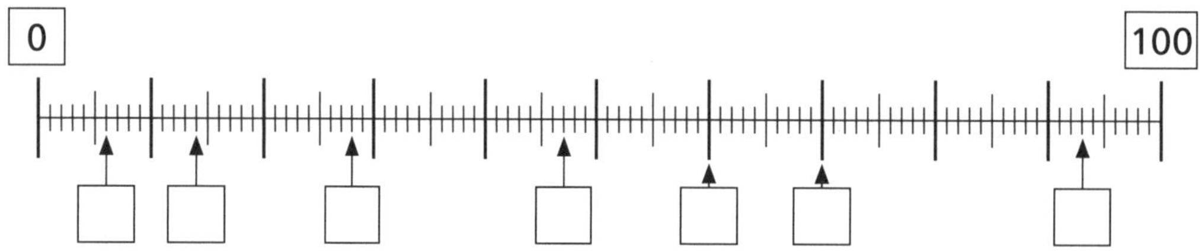

c)

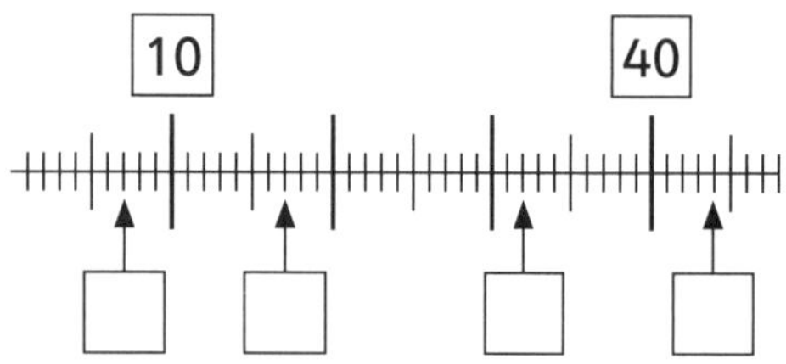

d)

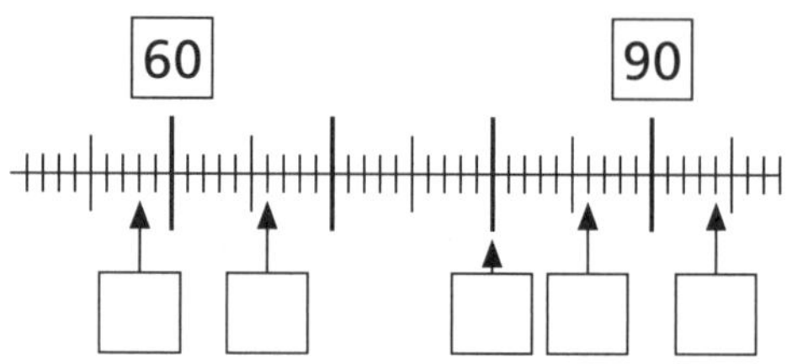

2. Markiere folgende Zahlen am Zahlenstrahl und schreibe sie an die richtige Stelle.
24, 69, 30, 53, 59, 47, 2, 18, 41, 83, 96, 75, 88

3. Setze < oder > ein.
(Tipp: Schau dir die Zahlen am Zahlenstrahl an!)

a) 54 ○ 67	b) 64 ○ 98	c) 78 ○ 21	d) 49 ○ 48
13 ○ 19	80 ○ 66	83 ○ 99	87 ○ 21
9 ○ 44	76 ○ 42	56 ○ 49	37 ○ 19

Der Zahlenstrahl

1. Schreibe die richtigen Zahlen in die Kästchen.

a)

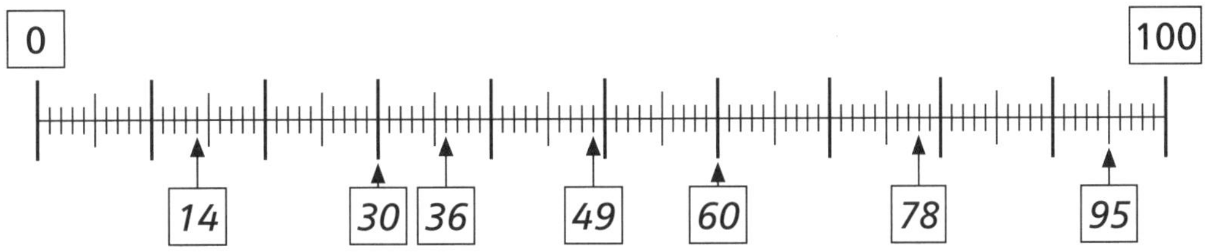

b)

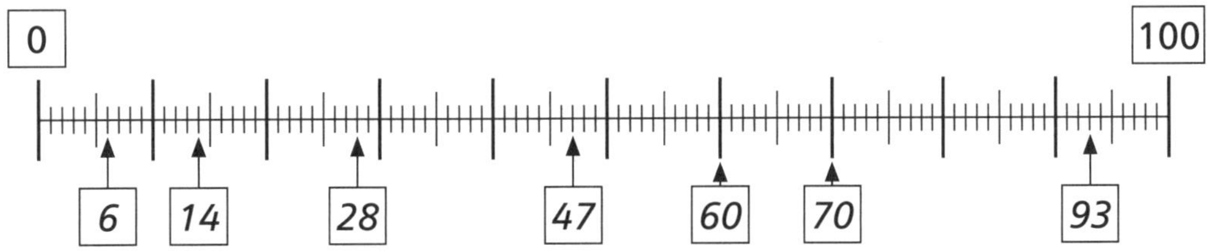

c)

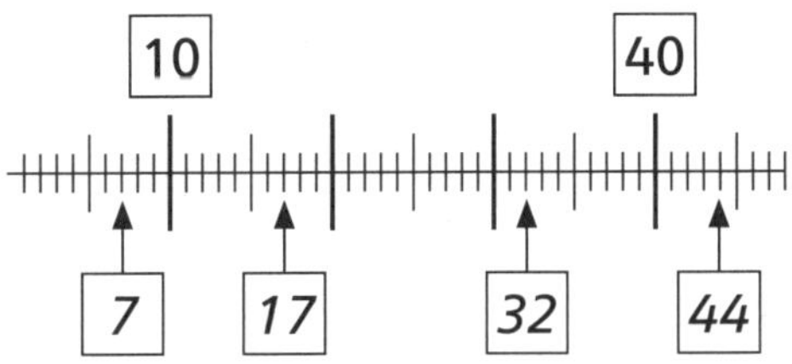

d)

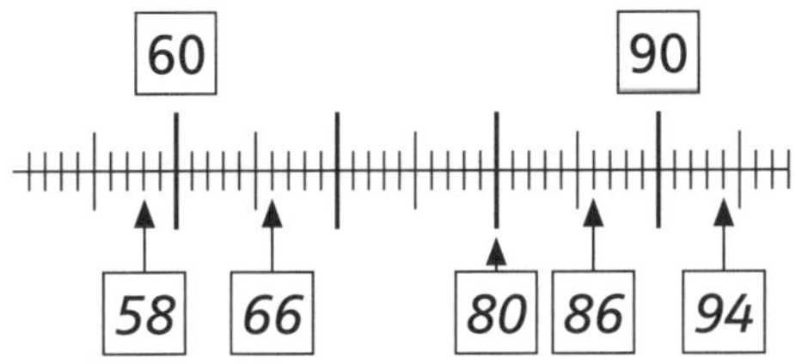

2. Markiere folgende Zahlen am Zahlenstrahl und schreibe sie an die richtige Stelle.
24, 69, 30, 53, 59, 47, 2, 18, 41, 83, 96, 75, 88

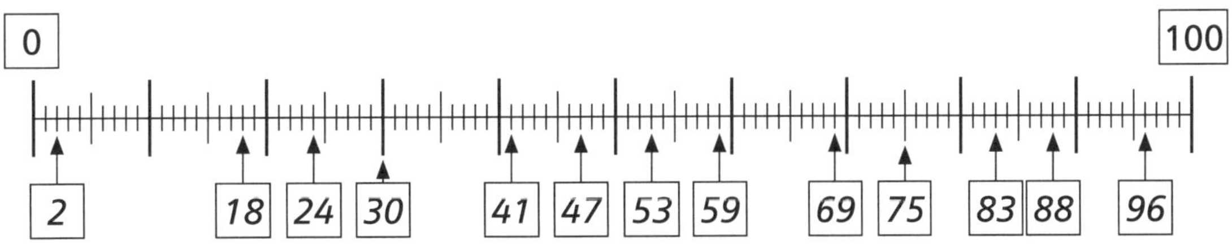

3. Setze < oder > ein.
(Tipp: Schau dir die Zahlen am Zahlenstrahl an!)

a) 54 < 67	b) 64 < 98	c) 78 > 21	d) 49 > 48
13 < 19	80 > 66	83 < 99	87 > 21
9 < 44	76 > 42	56 > 49	37 > 19

Rechnen mit Zehnerzahlen

Merke:

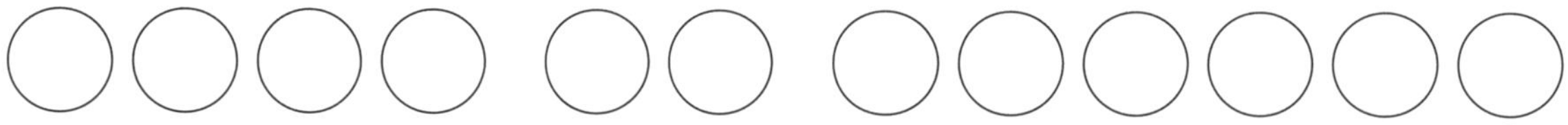

4 + 2 = 6

40 + 20 = 60

untereinander geschrieben:

4	+	2	=	6
40	+	20	=	60

Rechnen mit Zehnerzahlen

1. Male die Aufgabe und berechne.

a) 10 + 20 = ☐

b) 20 + 40 = ☐

c) 50 + 10 = ☐

2. Berechne.

a) 3 + 4 = ____	b) 6 + 3 = ____	c) 4 + 5 = ____
30 + 40 = ____	60 + 30 = ____	40 + 50 = ____
d) 2 + 2 = ____	e) 2 + 7 = ____	f) 1 + 6 = ____
20 + 20 = ____	20 + 70 = ____	10 + 60 = ____

3. Berechne.

70 + 30 = ____	10 + 60 = ____	40 + 60 = ____
90 + 10 = ____	80 + 10 = ____	30 + 30 = ____
30 + 50 = ____	30 + 20 = ____	70 + 10 = ____
80 + 20 = ____	10 + 10 = ____	40 + 40 = ____
30 + 40 = ____	20 + 10 = ____	50 + 40 = ____

4. Finde mindestens sechs verschiedene Aufgaben mit dem gleichen Ergebnis. Schreibe in dein Heft.

a) Ergebnis 50 b) Ergebnis 80 c) Ergebnis 100

Rechnen mit Zehnerzahlen

1. Male die Aufgabe und berechne.

a)

10 + 20 = *30*

b)

20 + 40 = *60*

c)

50 + 10 = *60*

2. Berechne.

a) 3 + 4 = *7* b) 6 + 3 = *9* c) 4 + 5 = *9*

30 + 40 = *70* 60 + 30 = *90* 40 + 50 = *90*

d) 2 + 2 = *4* e) 2 + 7 = *9* f) 1 + 6 = *7*

20 + 20 = *40* 20 + 70 = *90* 10 + 60 = *70*

3. Berechne.

70 + 30 = *100* 10 + 60 = *70* 40 + 60 = *100*

90 + 10 = *100* 80 + 10 = *90* 30 + 30 = *60*

30 + 50 = *80* 30 + 20 = *50* 70 + 10 = *80*

80 + 20 = *100* 10 + 10 = *20* 40 + 40 = *80*

30 + 40 = *70* 20 + 10 = *30* 50 + 40 = *90*

4. Finde mindestens sechs verschiedene Aufgaben mit dem gleichen Ergebnis. Schreibe in dein Heft.

a) Ergebnis 50 b) Ergebnis 80 c) Ergebnis 100

Ergänzungsaufgaben

16 + ______ = 38

Lösung: 16 + 22 = 38

Sprich:

Zu 16 muss man 22 dazuzählen, damit man 38 erhält.

Beispiele:

27 + ____ = 33

36 + ____ = 58

52 + ____ = 79

Ergänzungsaufgaben

1. Male die Aufgabe und berechne.

a)

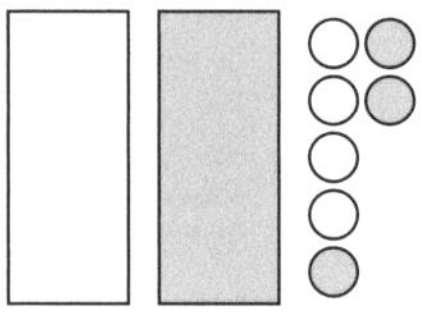

14 + ☐ = 27

b)

8 + ☐ = 39

c)

21 + ☐ = 49

2. Ergänze zum nächsten vollen Zehner.

a) 35 + ___ = 40	b) ___ + 41 = 50	c) 37 + ___ = ___
68 + ___ = 70	___ + 19 = 20	72 + ___ = ___
7 + ___ = 10	___ + 54 = 60	___ + 63 = ___

3. Berechne.

___ + 26 = 30	36 + ___ = 56	74 + ___ = 85
26 + ___ = 80	___ + 4 = 89	___ + 70 = 97
89 + ___ = 99	___ + 24 = 58	___ + 1 = 80
45 + ___ = 76	81 + ___ = 93	38 + ___ = 69
88 + ___ = 100	33 + ___ = 47	___ + 4 = 97
___ + 22 = 67	46 + ___ = 98	38 + ___ = 39

4. Jonas hat 18 € für seinen Spielzeugbagger gespart.
Wie viel Euro muss Jonas noch sparen,
wenn der Bagger 45 € kostet? Rechne im Heft.

Ergänzungsaufgaben

1. Male die Aufgabe und berechne.

a)

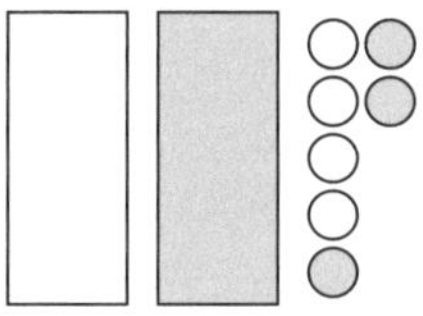

14 + *13* = 27

b)

8 + *31* = 39

c)

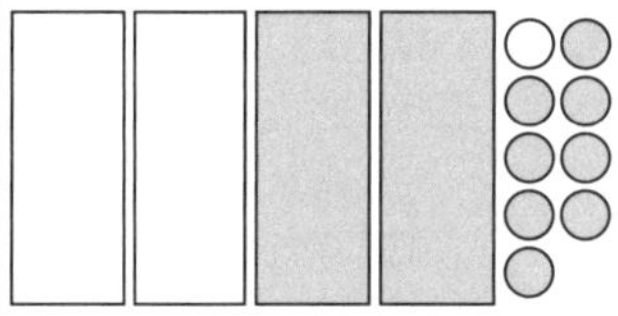

21 + *28* = 49

2. Ergänze zum nächsten vollen Zehner.

a) 35 + *5* = 40 b) *9* + 41 = 50 c) 37 + *3* = *40*

68 + *2* = 70 *1* + 19 = 20 72 + *8* = *80*

7 + *3* = 10 *6* + 54 = 60 *7* + 63 = *70*

3. Berechne.

4 + 26 = 30	36 + *20* = 56	74 + *11* = 85
26 + *54* = 80	*85* + 4 = 89	*27* + 70 = 97
89 + *10* = 99	*34* + 24 = 58	*79* + 1 = 80
45 + *31* = 76	81 + *12* = 93	38 + *31* = 69
88 + *12* = 100	33 + *14* = 47	*93* + 4 = 97
45 + 22 = 67	46 + *52* = 98	38 + *1* = 39

4. Jonas hat 18 € für seinen Spielzeugbagger gespart.
Wie viel Euro muss Jonas noch sparen,
wenn der Bagger 45 € kostet? Rechne im Heft.

Lösung zu 4.:
18 € + 27 € = 45 € Er muss noch 27 € sparen.

Halbschriftliches Rechnen ohne/mit Zehnerüberschreitung

Luca rechnet:

Z	E		Z	E		Z	E
2	3	+	1	5	=		
2	0	+	1	0	=	3	0
	3	+		5	=		8
2	3	+	1	5	=	3	8

Svenja rechnet:

Z	E		Z	E		Z	E
2	3	+	1	5	=		
2	3	+	1	0	=	3	3
3	3	+		5	=	3	8
2	3	+	1	5	=	3	8

Beide lösen die Aufgabe richtig.

Wie haben sie gerechnet?

Halbschriftliches Rechnen ohne/mit Zehnerüberschreitung

1. Berechne halbschriftlich.

a)

Z	E		Z	E		Z	E
2	2	+	2	6	=		
		+			=		
		+			=		
2	2	+	2	6	=		

b)

Z	E		Z	E		Z	E
5	1	+	1	5	=		

2. Berechne halbschriftlich.

a)

Z	E		Z	E		Z	E
4	7	+	2	8	=		

b)

Z	E		Z	E		Z	E
5	8	+	1	7	=		

3. Berechne die Aufgaben?

a) 27 + 11 = ______　b) 30 + 14 = ______　c) 19 + 43 = ______

13 + 13 = ______　48 + 21 = ______　43 + 49 = ______

50 + 47 = ______　21 + 62 = ______　37 + 57 = ______

4. Luca kauft für seine Rennbahn ein neues Auto für 39 € und einen Rundenzähler für 28 €.
Wie viele Geld muss Luca bezahlen? Rechne im Heft.

Halbschriftliches Rechnen ohne/mit Zehnerüberschreitung

1. Berechne halbschriftlich.

a)

Z	E		Z	E		Z	E
2	2	+	2	6	=	4	*8*
		+			=		
		+			=		
2	2	+	2	6	=	4	*8*

b)

Z	E		Z	E		Z	E
5	1	+	1	5	=	*6*	*6*
5	*1*	+	*1*	*5*	=	*6*	*6*

2. Berechne halbschriftlich.

a)

Z	E		Z	E		Z	E
4	7	+	2	8	=	*7*	*5*
4	*7*	+	*2*	*8*	=	*7*	*5*

b)

Z	E		Z	E		Z	E
5	8	+	1	7	=	*7*	*5*
5	*8*	+	*1*	*7*	=	*7*	*5*

3. Berechne die Aufgaben?

a) 27 + 11 = *38* b) 30 + 14 = *44* c) 19 + 43 = *62*

13 + 13 = *26* 48 + 21 = *69* 43 + 49 = *92*

50 + 47 = *97* 21 + 62 = *83* 37 + 57 = *94*

4. Luca kauft für seine Rennbahn ein neues Auto für 39 €
und einen Rundenzähler für 28 €.
Wie viele Geld muss Luca bezahlen? Rechne im Heft.
39 € + 28 € = 67 € Er muss 67 € bezahlen.

Rechnen am Zahlenstrahl

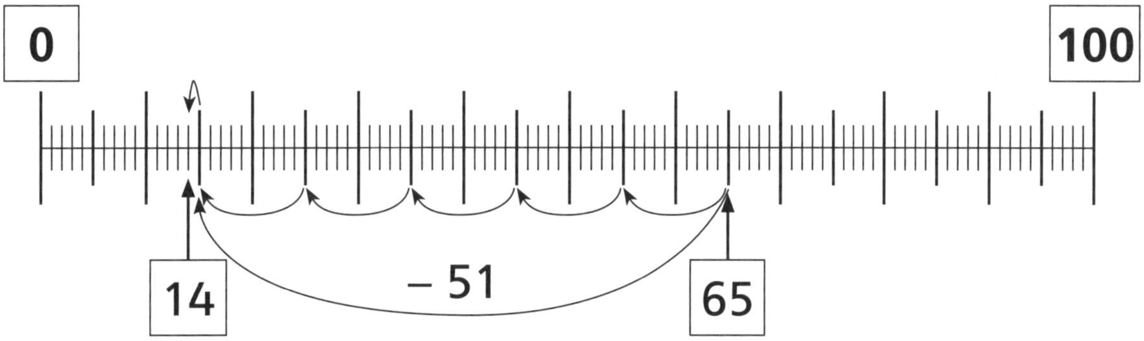

Aufgabe:

65 – 51 = 14

Rechne: 65 – 50 – 1

Rechnen am Zahlenstrahl

1. Zeichne die Aufgaben am Zahlenstrahl und berechne.

a) 84 – 23 = ______

b) 69 – 36 = ______

c) 37 – 16 = ______

d) 84 – 24 = ______

2. Welche Aufgabe ist leichter zu berechnen?

a) 25 – 3 – 5 = ______ *oder* 25 – 5 – 3 = ______

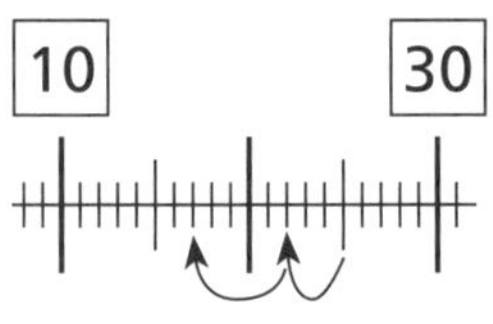

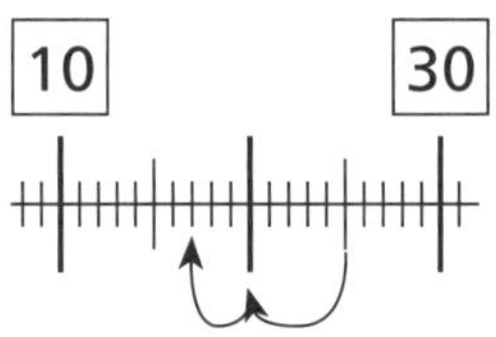

b) 29 – 4 – 9 = ______ *oder* 29 – 9 – 4 = ______

c) Finde selbst 10 Minusaufgaben. Schreibe in dein Heft.

Rechnen am Zahlenstrahl

1. Zeichne die Aufgaben am Zahlenstrahl und berechne.

a) 84 – 23 = *61*

b) 69 – 36 = *33*

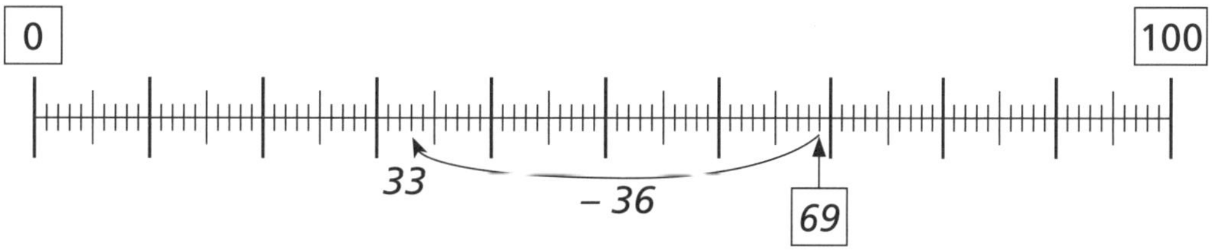

c) 37 – 16 = *21*

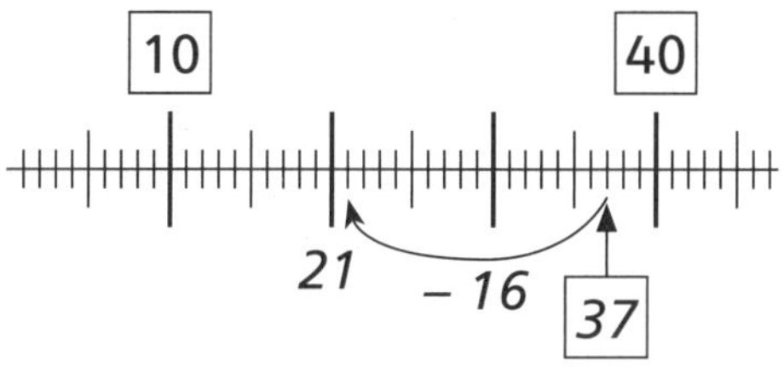

d) 84 – 24 = *60*

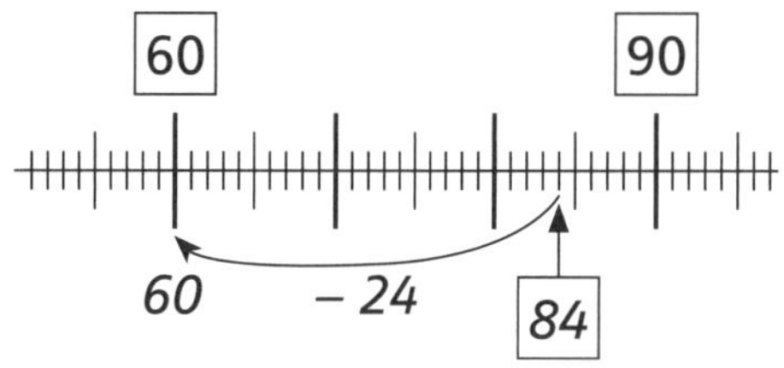

2. Welche Aufgabe ist leichter zu berechnen?

a) 25 – 3 – 5 = *17* *oder* 25 – 5 – 3 = *17*

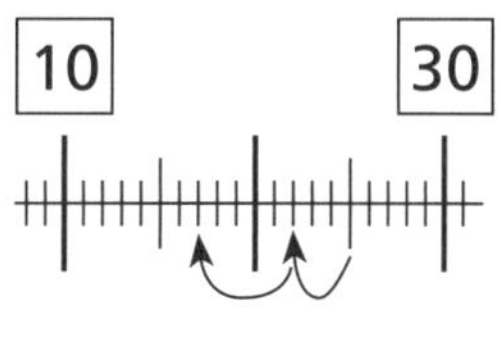

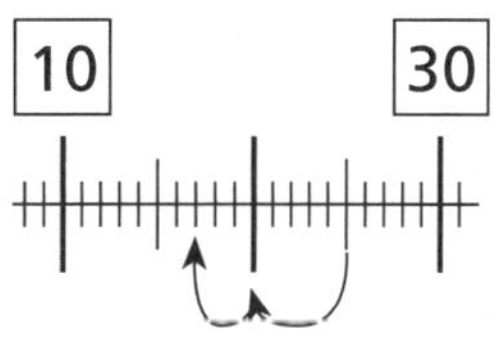

b) 29 – 4 – 9 = *16* *oder* 29 – 9 – 4 = *16*

c) Finde selbst 10 Minusaufgaben. Schreibe in dein Heft.

Schrittweises Rechnen ohne/mit Zehnerüberschreitung

Ohne Zehner-überschreitung:

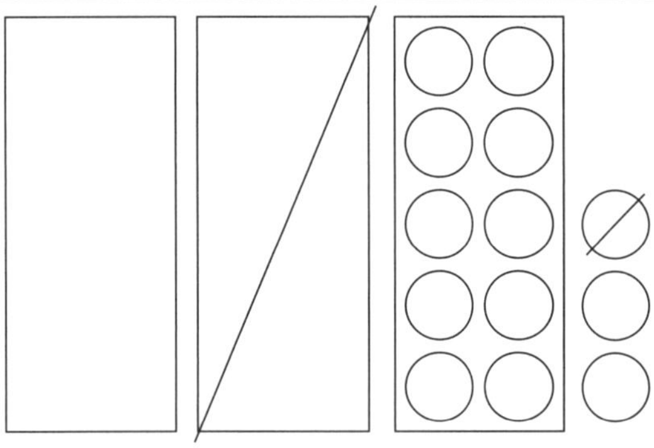

33 − 11 = ☐

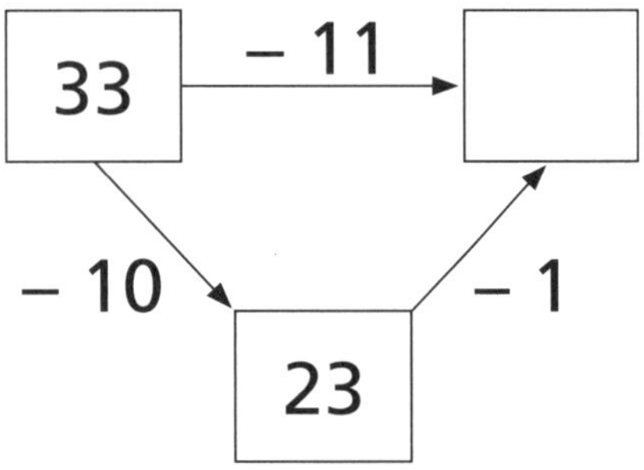

Mit Zehner-überschreitung:

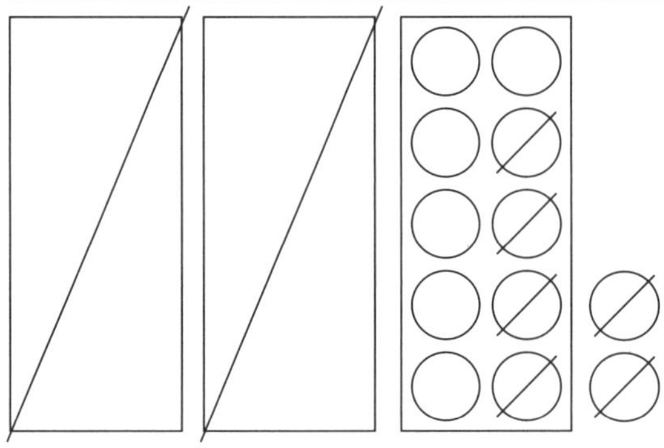

32 − 26 = ☐

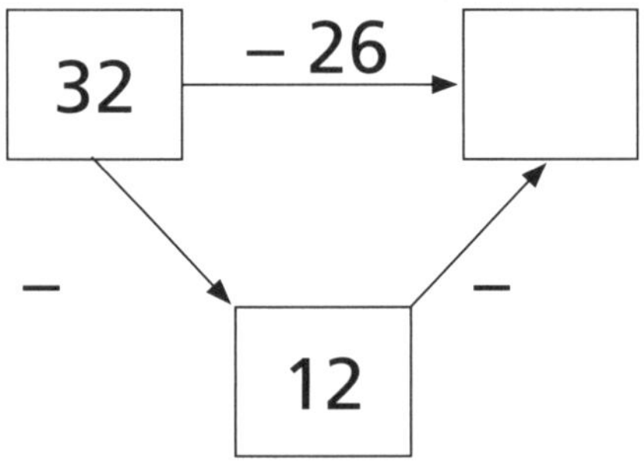

Schrittweises Rechnen ohne/mit Zehnerüberschreitung

1. Zerlege geschickt. Male die Aufgaben.

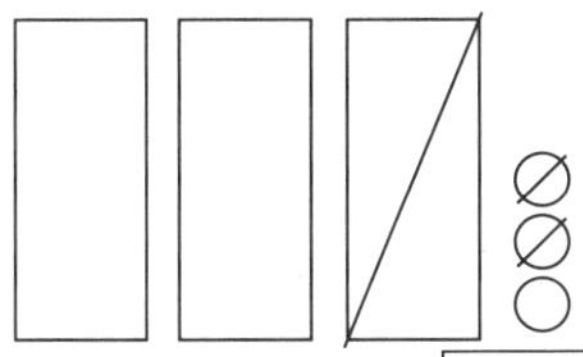

33 − 12 = ☐

33 —(− 12)→ ☐; 33 —(−)→ 23 —(−)→ ☐

26 − 19 = ☐

☐ —(−)→ ☐; ☐ —(−)→ 16 —(−)→ ☐

31 − 27 = ☐

☐ —(−)→ ☐; ☐ —(−)→ ☐ —(−)→ ☐

2. Rechne geschickt.

75 —(− 23)→ ☐; 75 —(−)→ ☐ —(−)→ ☐

48 —(− 37)→ ☐; 48 —(−)→ ☐ —(−)→ ☐

56 —(− 41)→ ☐; 56 —(−)→ ☐ —(−)→ ☐

53 —(− 36)→ ☐; 53 —(−)→ ☐ —(−)→ ☐

91 —(− 69)→ ☐; 91 —(−)→ ☐ —(−)→ ☐

64 —(− 48)→ ☐; 64 —(−)→ ☐ —(−)→ ☐

3. Löse im Heft schrittweise.

a) 23 − 11 = ____   b) 46 − 26 = ____   c) 41 − 28 = ____

46 − 32 = ____   85 − 43 = ____   58 − 39 = ____

Schrittweises Rechnen ohne/mit Zehnerüberschreitung

1. Zerlege geschickt. Male die Aufgaben.

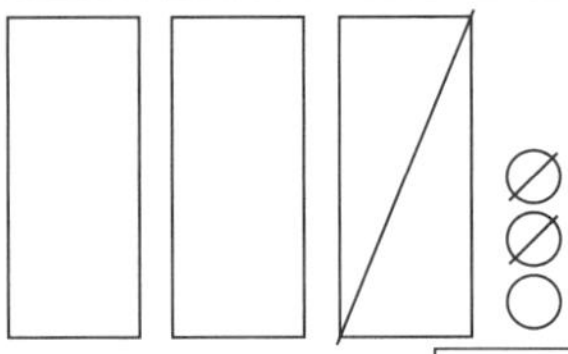

33 − 12 = *21*

33 −12 → *21*; 33 −10 → 23; 23 −2 → *21*

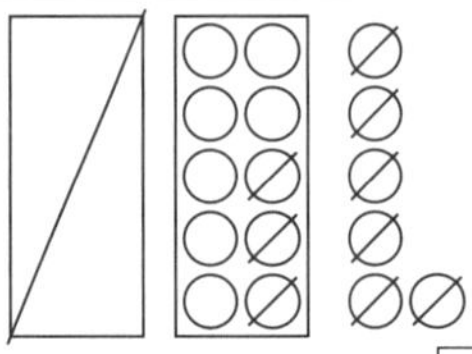

26 − 19 = *7*

26 − 19 → *7*; *26* −10 → 16; 16 −9 → *7*

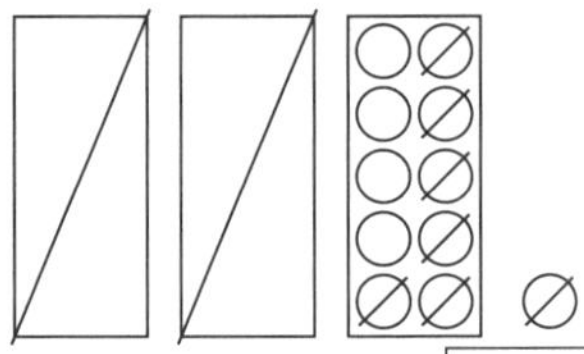

31 − 27 = *4*

31 −27 → *4*; *31* −20 → *11*; *11* −7 → *4*

2. Rechne geschickt.

75 − 23 → *52*; 75 *−20* → *55*; *55* *−3* → *52*

48 − 37 → *11*; 48 *−30* → *18*; *18* *−7* → *11*

56 − 41 → *15*; 56 *−40* → *16*; *16* *−1* → *15*

53 − 36 → *17*; 53 *−30* → *23*; *23* *−6* → *17*

91 − 69 → 22; 91 *−60* → *31*; *31* *−9* → 22

64 − 48 → *16*; 64 *−40* → *24*; *24* *−8* → *16*

3. Löse im Heft schrittweise.

a) 23 − 11 = *12* b) 46 − 26 = *20* c) 41 − 28 = 13

46 − 32 = *14* 85 − 43 = *42* 58 − 39 = 19

Ein-Mal-Eins-Reihen mit 2 und 4

Das Ein-Mal-Eins mit 2

Der Schuhverkäufer Herr Bittner hat in einer Stunde 4 Paar Schuhe und 6 Paar Schnürsenkel verkauft.

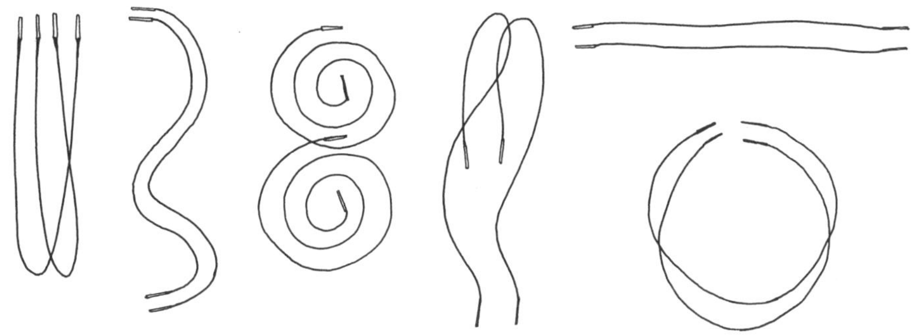

Zähle nach und bilde das Ein-Mal-Zwei.

1 Paar =	2 Stück	2	= 1 • 2 = 2
2 Paar =	4 Stück	2 + 2	= 2 • 2 = 4
3 Paar =	6 Stück	2 + 2 + 2	= 3 • 2 = 6
4 Paar =	8 Stück	2 + 2 + 2 + 2	= 4 • 2 = 8
…		…	
10 Paar =	20 Stück	2 + 2 + …	= 10 • 2 = 20

Ein-Mal-Eins-Reihen mit 2 und 4

1. Schreibe das Ein-Mal-Zwei in dein Heft.

2	= 1 • 2 = 2
2 + 2	= 2 • 2 = 4
2 + 2 + 2	= 3 • 2 = 6

2. Schreibe die Malaufgaben und löse sie.

a) 

b) 

c) 

d) 

e) 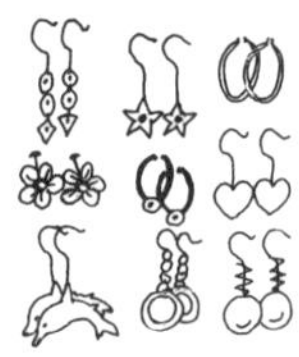

__________ __________ __________ __________ __________

3. Frau Nilling kauft für ihre Kinder 7 Paar Socken.
Schreibe als Malaufgabe.

____

4. Schreibe das Ein-Mal-Vier in dein Heft.

5. Löse die Aufgaben.

a) 3 • 2 = ____ b) 4 • 4 = ____ c) 7 • 2 = ____

5 • 2 = ____ 2 • 4 = ____ 6 • 4 = ____

6. Max bekommt jede Woche 2 € Taschengeld. Er hat bisher noch nichts ausgegeben und 7 Wochen gespart.
Wie viel Taschengeld hat er bekommen?

7. Überlege, was das Ein-Mal-Zwei mit dem Ein-Mal-Vier zu tun haben könnte. (*Tipp:* Finde Aufgaben, deren Ergebnis in beiden Reihen vorkommt!)

Ein-Mal-Eins-Reihen mit 2 und 4

1. Schreibe das Ein-Mal-Zwei in dein Heft.

2	= 1 • 2 = 2
2 + 2	= 2 • 2 = 4
2 + 2 + 2	= 3 • 2 = 6

2. Schreibe die Malaufgaben und löse sie.

a)  b) 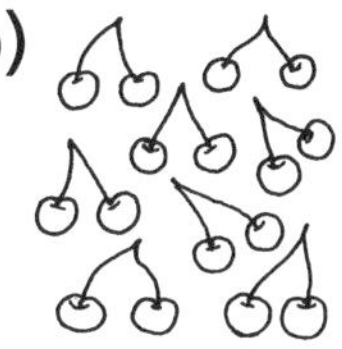 c)  d)  e) 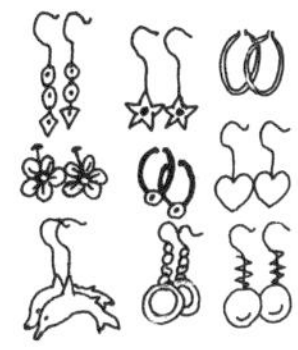

6 • 2 = 12   *8 • 2 = 16*   *3 • 2 = 6*   *2 • 2 = 4*   *9 • 2 = 18*

3. Frau Nilling kauft für ihre Kinder 7 Paar Socken.
Schreibe als Malaufgabe.

7 • 2 = 14

4. Schreibe das Ein-Mal-Vier in dein Heft.

5. Löse die Aufgaben.

a) 3 • 2 = *6*   b) 4 • 4 = *16*   c) 7 • 2 = *14*

5 • 2 = *10*   2 • 4 = *8*   6 • 4 = *24*

6. Max bekommt jede Woche 2 € Taschengeld. Er hat bisher noch nichts ausgegeben und 7 Wochen gespart.
Wie viel Taschengeld hat er bekommen?

7. Überlege, was das Ein-Mal-Zwei mit dem Ein-Mal-Vier zu tun haben könnte. (*Tipp:* Finde Aufgaben, deren Ergebnis in beiden Reihen vorkommt!)

Lösung zu 6.:
2 € • 7 = 14 € Er hat 14 € gespart.

Gemischte Übungen

Merke:

1. Malaufgaben kann man durch Plusaufgaben lösen!

Beispiele:

a) $6 \bullet 7 = \underbrace{7 + 7 + 7 + 7 + 7 + 7}_{\text{6-mal}} = 42$

b) $4 \bullet 9 = \underbrace{9 + 9 + 9 + 9}_{\text{4-mal}} = 36$

2. Zu jeder Malaufgabe gibt es eine Tauschaufgabe!

Beispiele:

a) $2 \bullet 8 = 8 \bullet 2$

b) $5 \bullet 7 = 7 \bullet 5$

c) $3 \bullet 10 = 10 \bullet 3$

3. Zu jeder Malaufgabe gibt es eine Geteiltaufgabe (Umkehraufgabe)!

Beispiele:

a) $3 \bullet 9 = 27$ $27 : 9 = 3$

b) $3 \bullet 2 = 27$ $40 : 8 = 5$

c) $6 \bullet 4 = \square$ $\square : \square = \square$

d) $7 \bullet 6 = \square$ $\square : \square = \square$

Gemischte Übungen

1. Schreibe die Aufgaben als Plusaufgaben und löse sie.

4 • 3 = ______________________________ = ______

5 • 2 = ______________________________ = ______

2. Schreibe die Tauschaufgabe und löse sie.

a) 5 • 3 = __________ = ______ b) 2 • 6 = __________ = ______

2 • 9 = __________ = ______ 8 • 5 = __________ = ______

3. Löse die Aufgaben und schreibe die Geteiltaufgabe dazu.

a) 3 • 6 = ______ ______________________________

5 • 3 = ______ ______________________________

4. Wie heißen die gesuchten Zahlen?

a) Sie gehört zu 7er-Reihe und liegt zwischen 50 und 60.

____

b) Sie gehört zur 6er-Reihe.
Zählt man 4 dazu, erhält man eine Zehnerzahl.

____

c) Sie gehört zur 8er-Reihe.
Verdoppelt man sie, erhält man eine Zehnerzahl.

____

5. Erfinde zu drei Ein-Mal-Eins-Aufgaben Rechengeschichten.
Schreibe diese in dein Heft.

Gemischte Übungen

1. Schreibe die Aufgaben als Plusaufgaben und löse sie.

4 • 3 = *3 + 3 + 3 + 3* = *12*

5 • 2 = *2 + 2 + 2 + 2 + 2* = *10*

2. Schreibe die Tauschaufgabe und löse sie.

a) 5 • 3 = *3 • 5* = *15* b) 2 • 6 = *6 • 2* = *12*

2 • 9 = *9 • 2* = *18* 8 • 5 = *5 • 8* = *40*

3. Löse die Aufgaben und schreibe die Geteiltaufgabe dazu.

a) 3 • 6 = *18* *18 : 6 = 3*

5 • 3 = *15* *15 : 3 = 5*

4. Wie heißen die gesuchten Zahlen?

a) Sie gehört zu 7er-Reihe und liegt zwischen 50 und 60.

Die Zahl heißt 56.

b) Sie gehört zur 6er-Reihe.
Zählt man 4 dazu, erhält man eine Zehnerzahl.

Die Zahl heißt 36.

c) Sie gehört zur 8er-Reihe.
Verdoppelt man sie, erhält man eine Zehnerzahl.

Die Zahl zeißt 40.

5. Erfinde zu drei Ein-Mal-Eins-Aufgaben Rechengeschichten.
Schreibe diese in dein Heft.

Ordnen von Geldwerten

In Deutschland und vielen anderen Ländern in Europa zahlt man mit Euro-Münzen und Euro-Scheinen.

Diese Münzen und Scheine kommen aus Deutschland:

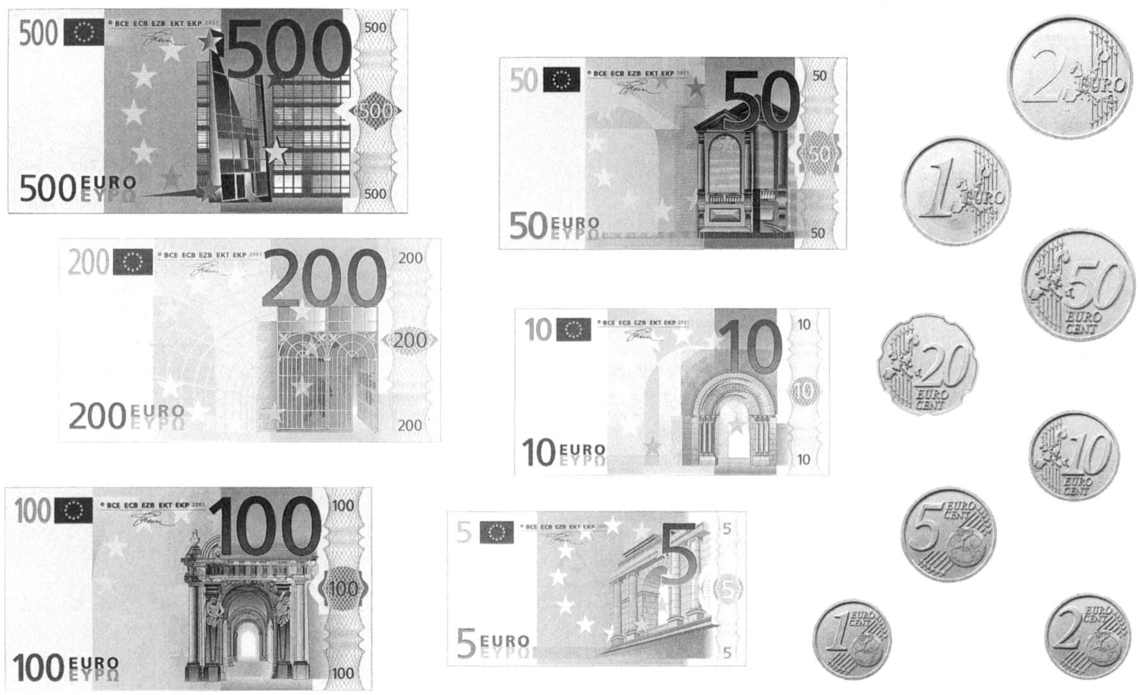

Wie kann man 40 € legen? Nenne verschiedene Möglichkeiten.

Ordnen von Geldwerten

1. Wie viel Geld ist das?

		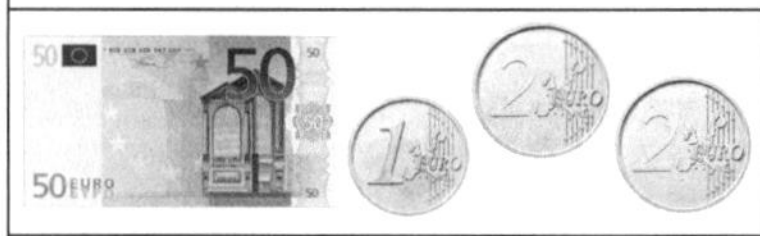	

2. Wie viel Geld hat jedes Kind gespart?

Wer hat am meisten gespart? ______________________

3. Ordne die Beträge nach ihrem Wert.
Beginne mit dem kleinsten Wert.
74,49 €, 99 ct, 65 ct, 29 €, 21 € 58 ct, 100 ct, 13,13 €, 0,98 €,
50 ct

__________ < __________ < __________ <

__________ < __________ < __________ <

__________ < __________ < __________

4. Frage mindestens acht deiner Mitschüler,
wie viel Taschengeld sie im Monat bekommen.
Sortiere diese in deinem Heft.

Ordnen von Geldwerten

1. Wie viel Geld ist das?

	*72 ct*		*26 €*
	*42 ct*		*55 €*
	*69 ct*		*33 €*

2. Wie viel Geld hat jedes Kind gespart?

Wer hat am meisten gespart? *Laura: 4 €*

3. Ordne die Beträge nach ihrem Wert.
Beginne mit dem kleinsten Wert.
74,49 €, 99 ct, 65 ct, 29 €, 21 € 58 ct, 100 ct, 13,13 €, 0,98 €, 50 ct

50 ct < *65 ct* < *0,98 €* <

99 ct < *100 ct* < *13,13 €* <

21 € 58 ct < *29 €* < *74,49 €*

4. Frage mindestens acht deiner Mitschüler,
wie viel Taschengeld sie im Monat bekommen.
Sortiere diese in deinem Heft.

Geldbeträge darstellen

Es gibt verschiedene Möglichkeiten zu bezahlen!

immer 2 €

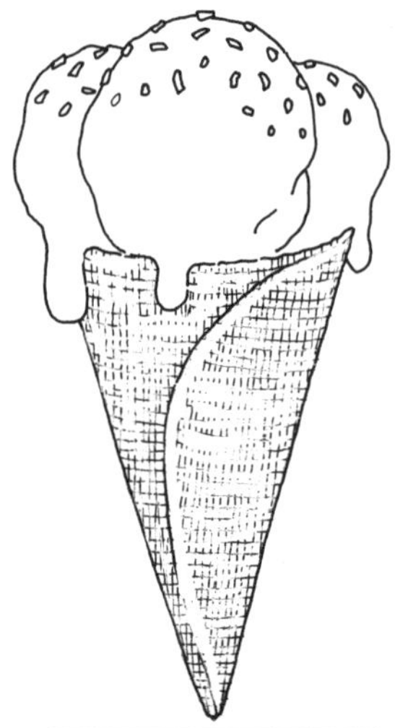

2 €

Geldbeträge darstellen

1. Zahle auf zwei verschiedene Weisen.
Male die Münzen und Scheine.

a)	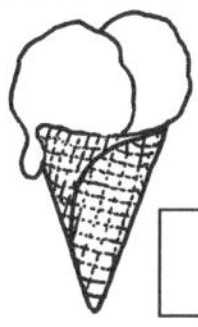 1,20 €		
b)	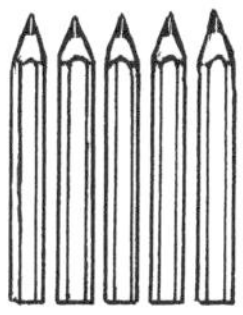 1,20 €		
c)	19,90 € 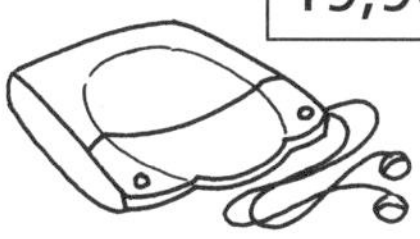		
d)	99,50 € 		

2. Wie kann man die Beträge legen? Zeichne in dein Heft.

a) Lege 60 ct mit genau:
- 8 Münzen
- 6 Münzen
- 5 Münzen
- 2 Münzen

b) Lege 70 € mit genau:
- 6 Scheinen
- 4 Scheinen
- 3 Scheinen
- 2 Scheinen

3. Jasmin und Jens legen beide 53 €. Jasmin hat 4 Scheine und 7 Münzen gelegt, Jens 7 Scheine und 4 Münzen. Wie haben sie gelegt? Male die Geldwerte in dein Heft.

4. Male oder schreibe alle (!) Möglichkeiten in dein Heft auf,

a) 30 ct in Münzen zu legen.
Verwende keine 1 ct- und 2 ct-Münzen.

b) 50 € in Scheinen zu legen.

Geldbeträge darstellen

1. Zahle auf zwei verschiedene Weisen.
Male die Münzen und Scheine.

a)	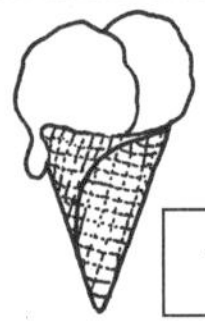 1,20 €	1 10 10	50 50 20
b)	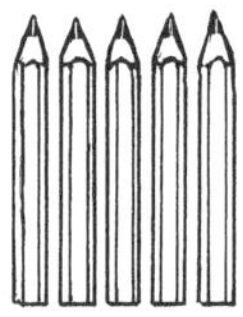 1,20 €	1 20	50 50 10 10
c)	19,90 € 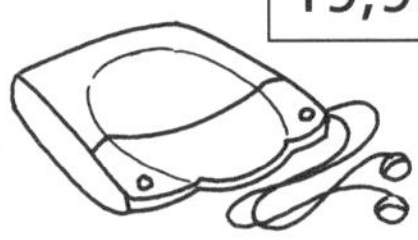	10 5 2 2 50 20 20	5 5 1 1 1 1 1 1 1 1 1 50 20 20
d)	99,50 € 	50 20 20 5 2 2 50	20 20 20 20 10 2 2 2 2 1 50

2. Wie kann man die Beträge legen? Zeichne in dein Heft.

a) Lege 60 ct mit genau:
- 8 Münzen 10 10 10 10 5 5 5 5
- 6 Münzen 10 10 10 10 10 10
- 5 Münzen 20 10 10 10 10
- 2 Münzen 50 10

b) Lege 70 € mit genau:
- 6 Scheinen 20 10 10 10 10 10
- 4 Scheinen 50 10 5 5
- 3 Scheinen 50 10 10
- 2 Scheinen 50 20

3. Jasmin und Jens legen beide 53 €. Jasmin hat 4 Scheine und 7 Münzen gelegt, Jens 7 Scheine und 4 Münzen.
Wie haben sie gelegt? Male die Geldwerte in dein Heft.

4. Male oder schreibe alle (!) Möglichkeiten in dein Heft auf,
a) 30 ct in Münzen zu legen.
Verwende keine 1 ct- und 2 ct-Münzen.
b) 50 € in Scheinen zu legen.

Lösung zu 3.:
Jasmin: 10 10 10 10 2 2 2 2 2 2 1 *Jens:* 20 5 5 5 5 5 5 1 1 50 50

Schätzen und Messen rund um den Meter

1 Meter (1 m)

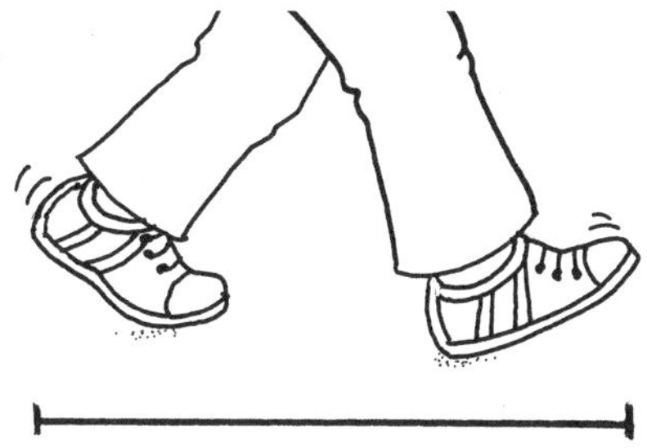

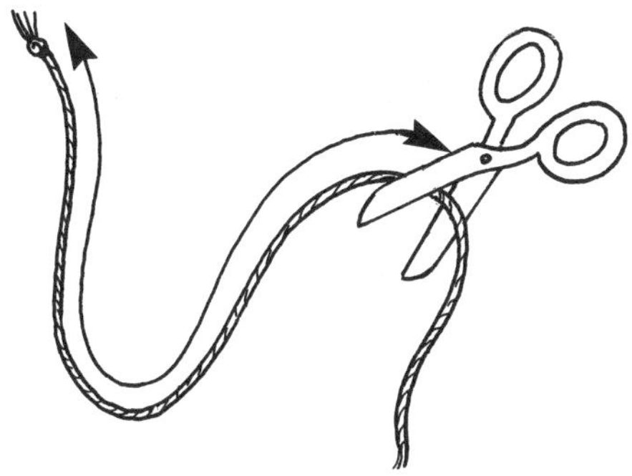

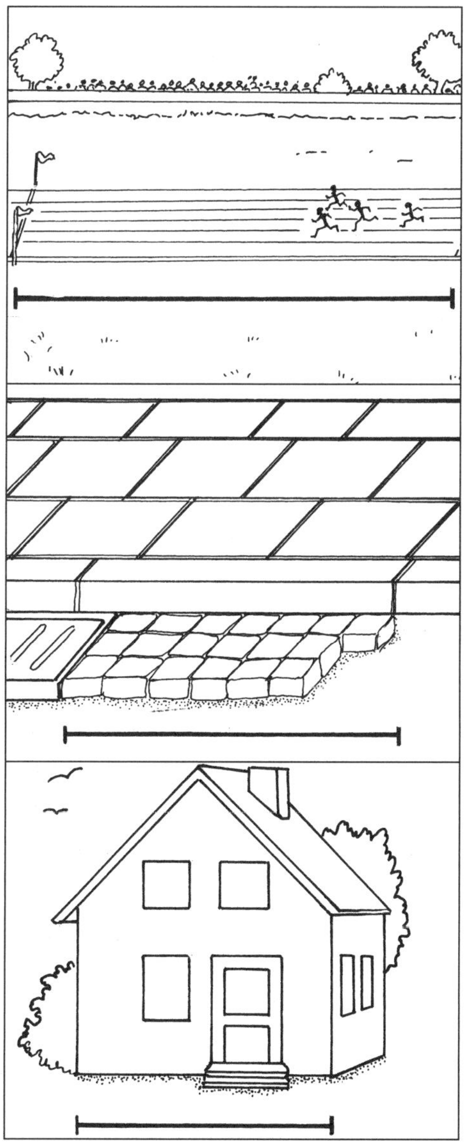

1 m

10 m

100 m

Schätzen und Messen rund um den Meter

1. Schreibe die richtige Längenangabe unter die Abbildung.

a) 2 m, 4 m, 15 m, 28 m

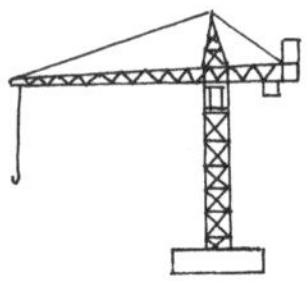
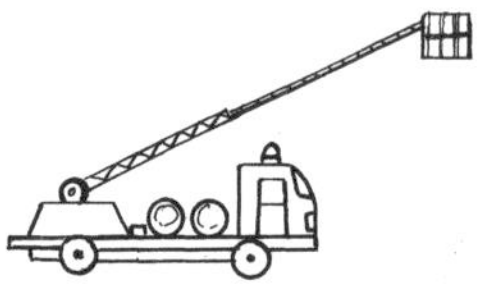

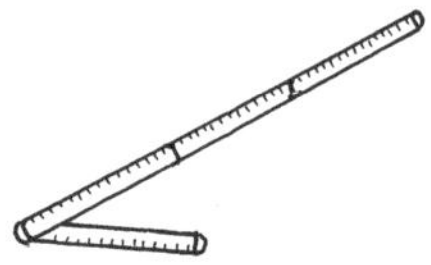

______ ______ ______ ______

b) 8 m, 18 m, 40 m, 25 m

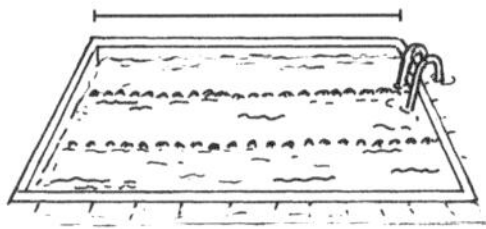
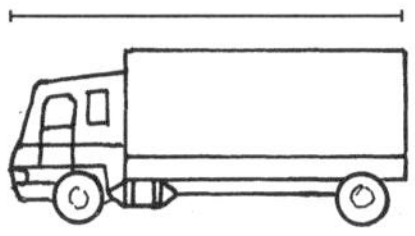

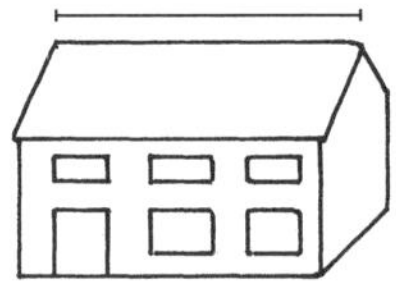

______ ______ ______ ______

2. Schreibe jeweils zwei Gegenstände auf, die etwa

a) 1 Meter lang sind: ______

b) 5 Meter lang sind: ______

3. Miss mit einer Meterschnur und trage die Ergebnisse ein.

	Meter
Länge Klassenraum	
Breite Klassenraum	
Länge Flur	
Entfernung bis zum nächsten Ausgang	
Höhe Tür	

Schätzen und Messen rund um den Meter

1. Schreibe die richtige Längenangabe unter die Abbildung.

a) 2 m, 4 m, 15 m, 28 m

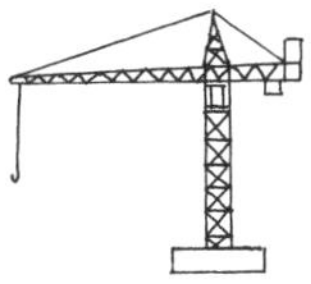
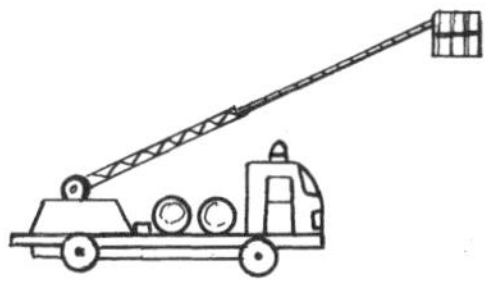

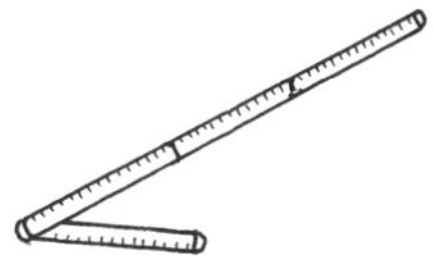

28 m | *15 m* | *4 m* | *2 m*

b) 8 m, 18 m, 40 m, 25 m

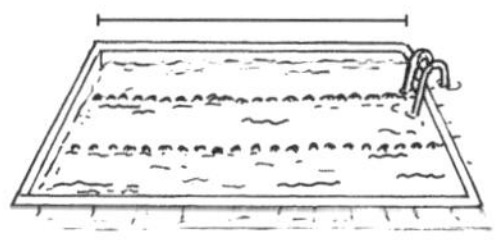

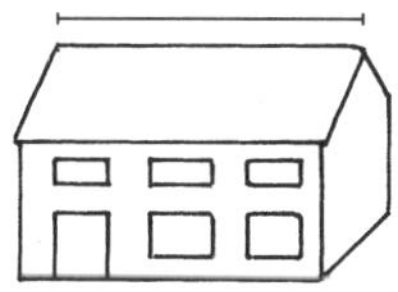

25 m | *18 m* | *40 m* | *8 m*

2. Schreibe jeweils zwei Gegenstände auf, die etwa

a) 1 Meter lang sind: *individuelle Lösung*

b) 5 Meter lang sind: *individuelle Lösung*

3. Miss mit einer Meterschnur und trage die Ergebnisse ein.

	Meter
Länge Klassenraum	
Breite Klassenraum	
Länge Flur	
Entfernung bis zum nächsten Ausgang	
Höhe Tür	

Messen und Zeichnen von Zentimetern

Merke:

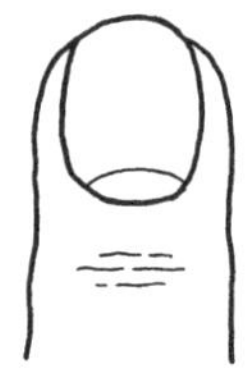

1. Ein Zentimeter entspricht etwa der Breite deines Zeigefingernagels!

2. Einhundert Zentimeter sind gleich ein Meter!

   100 cm = 1 m

3. Eine Strecke hat einen Anfangs- und einen Endpunkt!

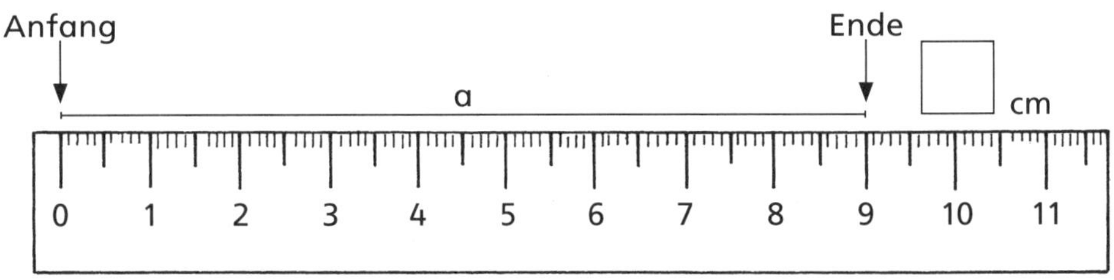

Messen und Zeichnen von Zentimetern

1. Miss die Länge folgender Gegenstände in cm und schreibe diese daran.

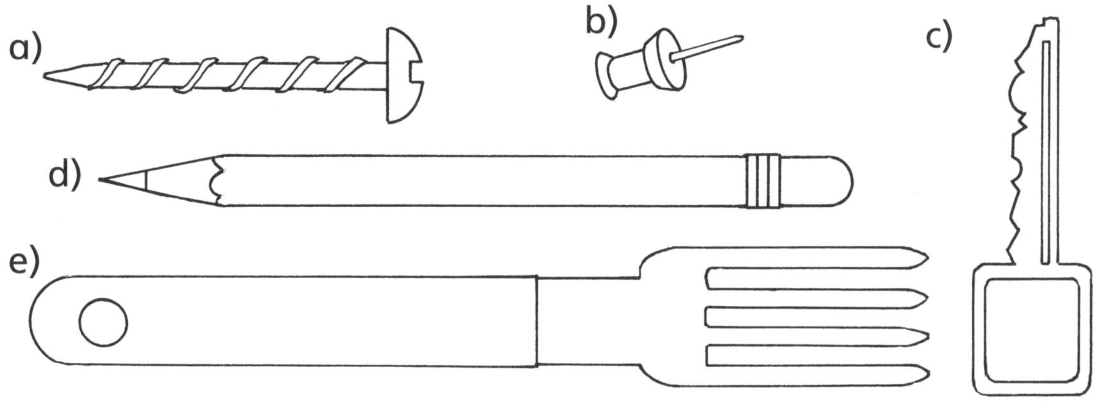

2. Miss die Länge folgender Strecken. Schreibe die Längen an die Strecken.

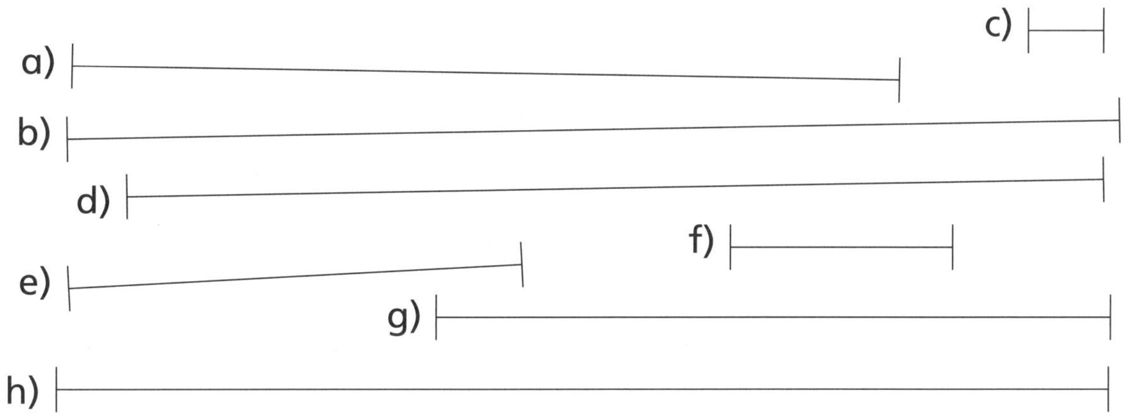

3. Zeichne auf ein Extrablatt die Strecken mit den folgenden Längen:
a) 3 cm b) 6 cm c) 10 cm d) 16 cm e) 4 cm f) 19 cm

4. Zeichne auf ein Extrablatt Wege mit den folgenden Längen:
a) 5 cm b) 15 cm
c) 25 cm d) 40 cm
Finde für jeden Weg zwei weitere Möglichkeiten.

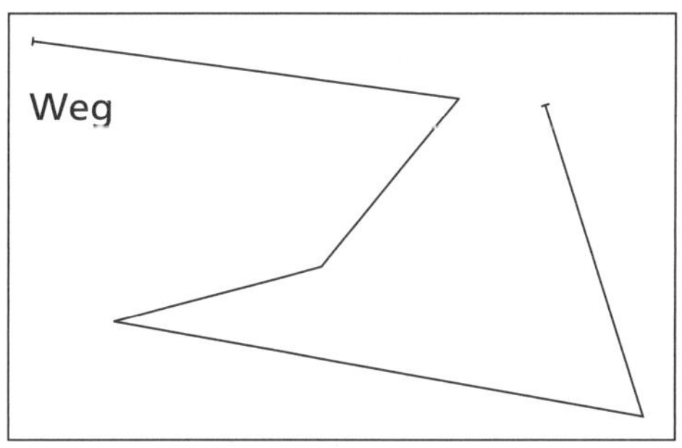

Messen und Zeichnen von Zentimetern

1. Miss die Länge folgender Gegenstände in cm und schreibe diese daran.

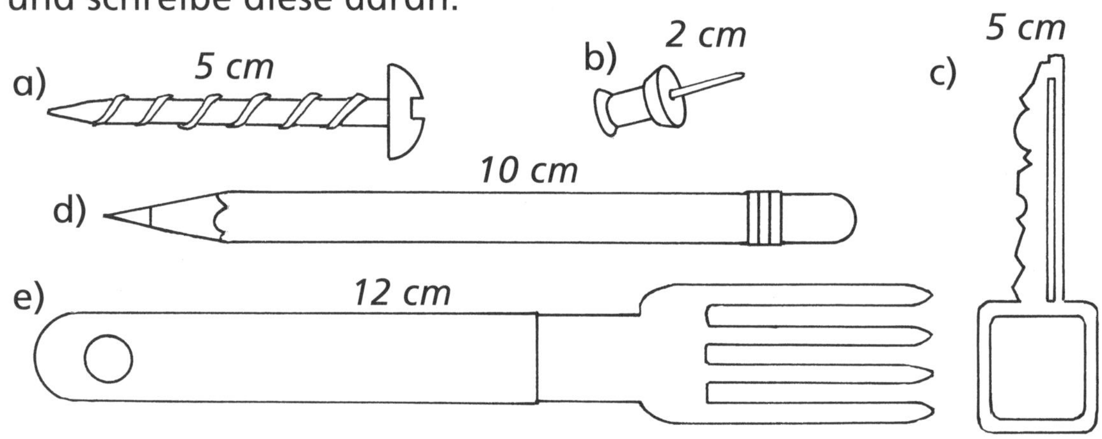

2. Miss die Länge folgender Strecken. Schreibe die Längen an die Strecken.

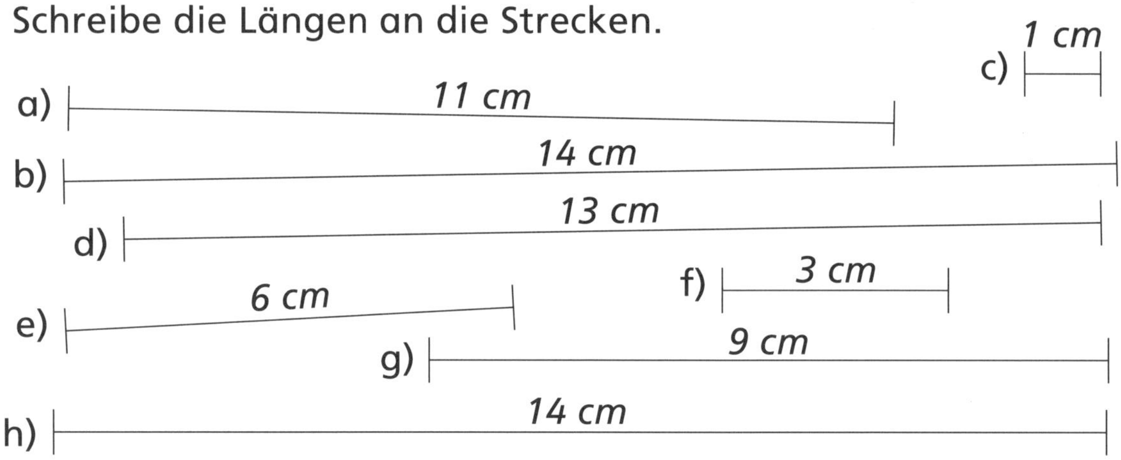

3. Zeichne auf ein Extrablatt die Strecken mit den folgenden Längen:

a) 3 cm   b) 6 cm   c) 10 cm   d) 16 cm   e) 4 cm   f) 19 cm

4. Zeichne auf ein Extrablatt Wege mit den folgenden Längen:

a) 5 cm   b) 15 cm

c) 25 cm   d) 40 cm

Finde für jeden Weg zwei weitere Möglichkeiten.

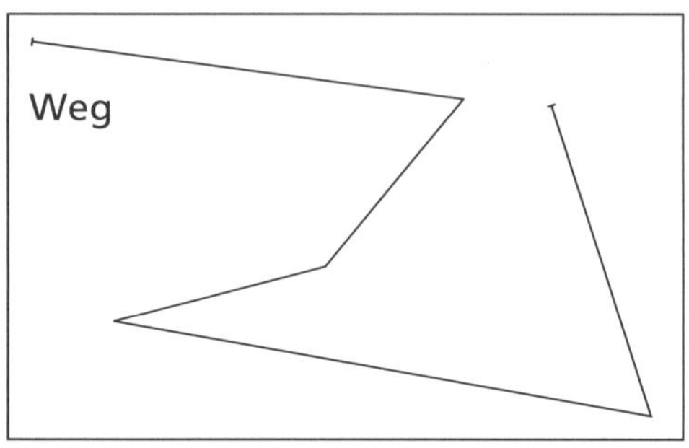

Meter und Zentimeter

Merke:

1 Meter = 100 Zentimeter (1m = 100 cm)

Beispiele:

a) 1 m 70 cm > 1 m 40 cm

b) 43 cm + 5 cm = 48 cm

c) 32 cm + 7 cm = 39 cm

d) 54 cm + 46 cm = 100 cm = 1 m

e) Der Unterschied der Länge der beiden Autos beträgt

_______ m _______ cm.

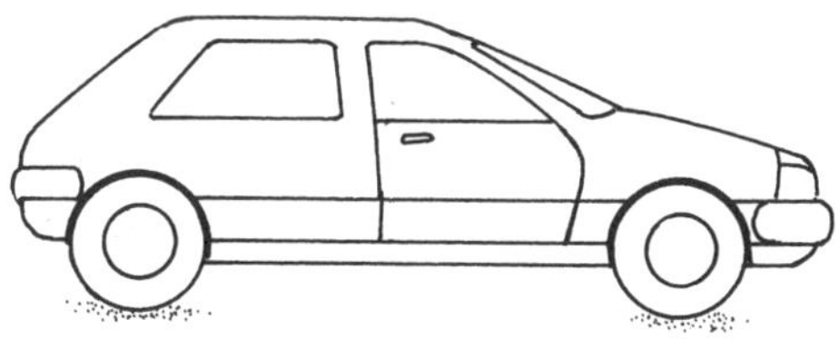

Länge Auto A:
3 m 40 cm

Länge Auto B:
5 m 60 cm

Meter und Zentimeter

1. Rechne aus.

a) 10 cm + 10 cm = ______ cm
30 cm + 40 cm = ______ cm

b) 70 cm – 30 cm = ______ cm
20 cm – 20 cm = ______ cm

c) 23 cm + 7 cm = ______ cm
44 cm + 5 cm = ______ cm

d) 45 cm + ______ cm = 50 cm
31 cm + ______ cm = 38 cm

2. Setze >, < oder = ein.

a) 1 m 10 cm ☐ 1 m 40 cm
1 m 50 cm ☐ 1 m 50 cm
1 m 90 cm ☐ 1 m 61 cm

b) 3 m 40 cm ☐ 40 m 20 cm
2 m 80 cm ☐ 80 m 20 cm
2 m 72 cm ☐ 3 m 4 cm

3. Ergänze auf einen Meter.

a) 40 cm + ______ cm = 1 m
80 cm + ______ cm = 1 m

b) 53 cm + ______ cm = 1 m
67 cm + ______ cm = 1 m

4. Vergleiche die Längen der Autos. Berechne den Unterschied.

a) Auto A: 4 m 20 cm
Auto B: 5 m 74 cm

Unterschied: ____________

b) Auto A: 6 m 60 cm
Auto B: 4 m 43 cm

Unterschied: ____________

5. Suche dir 10 Gegenstände aus deiner Umwelt aus. Schätze deren Längen zunächst, dann miss auf Meter und Zentimeter genau. Schreibe alles in dein Heft.

Meter und Zentimeter

1. Rechne aus.

a) 10 cm + 10 cm = *20* cm
30 cm + 40 cm = *70* cm

b) 70 cm – 30 cm = *40* cm
20 cm – 20 cm = *0* cm

c) 23 cm + 7 cm = *30* cm
44 cm + 5 cm = *49* cm

d) 45 cm + *5* cm = 50 cm
31 cm + *7* cm = 38 cm

2. Setze >, < oder = ein.

a) 1 m 10 cm [<] 1 m 40 cm
1 m 50 cm [=] 1 m 50 cm
1 m 90 cm [>] 1 m 61 cm

b) 3 m 40 cm [<] 40 m 20 cm
2 m 80 cm [<] 80 m 20 cm
2 m 72 cm [<] 3 m 4 cm

3. Ergänze auf einen Meter.

a) 40 cm + *60* cm = 1 m
80 cm + *20* cm = 1 m

b) 53 cm + *47* cm = 1 m
67 cm + *33* cm = 1 m

4. Vergleiche die Längen der Autos. Berechne den Unterschied.

a) Auto A: 4 m 20 cm
Auto B: 5 m 74 cm
Unterschied: *1 m 54 cm*

b) Auto A: 6 m 60 cm
Auto B: 4 m 43 cm
Unterschied: *2 m 17 cm*

5. Suche dir 10 Gegenstände aus deiner Umwelt aus. Schätze deren Längen zunächst, dann miss auf Meter und Zentimeter genau. Schreibe alles in dein Heft.

ISBN 978-3-14-163048-0

Der Kalender

Jahresübersicht 2009

JANUAR

KW	1	2	3	4	5
Mo		5	12	19	26
Di		6	13	20	27
Mi		7	14	21	28
Do	**1**	8	15	22	29
Fr	2	9	16	23	30
Sa	3	10	17	24	31
So	**4**	**11**	**18**	**25**	

FEBRUAR

KW	5	6	7	8	9
Mo		2	9	16	23
Di		3	10	17	24
Mi		4	11	18	25
Do		5	12	19	26
Fr		6	13	20	27
Sa		7	14	21	28
So	**1**	**8**	**15**	**22**	

MÄRZ

KW	9	10	11	12	13	14
Mo		2	9	16	23	30
Di		3	10	17	24	31
Mi		4	11	18	25	
Do		5	12	19	26	
Fra		6	13	20	27	
Sa		7	14	21	28	
So	**1**	**8**	**15**	**22**	**29**	

APRIL

KW	14	15	16	17	18
Mo		6	**13**	20	27
Di		7	14	21	28
Mi	1	8	15	22	29
Do	2	9	16	23	30
Fr	3	**10**	17	24	
Sa	4	11	18	25	
So	**5**	**12**	**19**	**26**	

MAI

KW	18	19	20	21	22
Mo		4	11	18	25
Di		5	12	19	26
Mi		6	13	20	27
Do		7	14	**21**	28
Fr	**1**	8	15	22	29
Sa	2	9	16	23	30
So	**3**	**10**	**17**	**24**	**31**

JUNI

KW	23	24	25	26	27
Mo	**1**	8	15	22	29
Di	2	9	16	23	30
Mi	3	10	17	24	
Do	4	11	18	25	
Fr	5	12	19	26	
Sa	6	13	20	27	
So	**7**	**14**	**21**	**28**	

JULI

KW	27	28	29	30	31
Mo		6	13	20	27
Di		7	14	21	28
Mi	1	8	15	22	29
Do	2	9	16	23	30
Fr	3	10	17	24	31
Sa	4	11	18	25	
So	**5**	**12**	**19**	**26**	

AUGUST

KW	31	32	33	34	35	36
Mo		3	10	17	24	31
Di		4	11	18	25	
Mi		5	12	19	26	
Do		6	13	20	27	
Fr		7	14	21	28	
Sa	1	8	15	22	29	
So	**2**	**9**	**16**	**23**	**30**	

SEPTEMBER

KW	36	37	38	39	40
Mo		7	14	21	28
Di	1	8	15	22	29
Mi	2	9	16	23	30
Do	3	10	17	24	
Fr	4	11	18	25	
Sa	5	12	19	26	
So	**6**	**13**	**20**	**27**	

OKTOBER

KW	40	41	42	43	44
Mo		5	12	19	26
Di		6	13	20	27
Mi		7	14	21	28
Do	1	8	15	22	29
Fr	2	9	16	23	30
Sa	**3**	10	17	24	31
So	**4**	**11**	**18**	**25**	

NOVEMBER

KW	44	45	46	47	48	49
Mo		2	9	16	23	30
Di		3	10	17	24	
Mi		4	11	18	25	
Do		5	12	19	26	
Fr		6	13	20	27	
Sa		7	14	21	28	
So	**1**	**8**	**15**	**22**	**29**	

DEZEMBER

KW	49	50	51	52	53
Mo		7	14	21	28
Di	1	8	15	22	29
Mi	2	9	16	23	30
Do	3	10	17	24	31
Fr	4	11	18	**25**	
Sa	5	12	19	**26**	
So	**6**	**13**	**20**	**27**	

Was kann man an dem Jahreskalender alles ablesen?

(KW heißt Kalenderwoche!)

Der Kalender

1. Beantworte folgende Fragen.

a) Wie viele Monate hat ein Jahr? ____________________

b) Wie heißen die Monate eines Jahres? ________________

____

c) Was fällt dir am Monat Februar auf? ________________

d) Wie werden die Wochentage im Kalender abgekürzt?

Montag = Mo, ______________________________

____

e) Wie heißt der Monat vor August? ___________________

f) Wie viele „volle" Wochen hat ein Jahr? __________

2. Vervollständige die Kalenderblätter.

Beispiel: Januar | 3 | Samstag

a)	b)	c)	d)
Juni	März	Oktober	Januar
16	**29**	**15**	
			Freitag

3. Finde die Geburtstage von 10 Mitschülern heraus. An welchen Wochentagen im Jahr 2009 haben sie Geburtstag? Schreibe in dein Heft.

Der Kalender

1. Beantworte folgende Fragen.

a) Wie viele Monate hat ein Jahr? *12*

b) Wie heißen die Monate eines Jahres? *Januar, Februar, März*

April, Mai, Juni, Juli, August, September, Oktober, November, Dezember

c) Was fällt dir am Monat Februar auf? *Er hat nur 28 Tage.*

d) Wie werden die Wochentage im Kalender abgekürzt?

Montag = Mo, *Dienstag = Di, Mittwoch = Mi,*

Donnerstag = Do, Freitag = Fr, Samstag = Sa, Sonntag = So

e) Wie heißt der Monat vor August? *Juli*

f) Wie viele „volle" Wochen hat ein Jahr? *52*

2. Vervollständige die Kalenderblätter.

Beispiel:

Januar
3
Samstag

a)	b)	c)	d)
Juni	März	Oktober	Januar
16	**29**	**15**	*2, 9, 16, 23 oder 30*
Dienstag	*Sonntag*	*Donnerstag*	Freitag

3. Finde die Geburtstage von 10 Mitschülern heraus. An welchen Wochentagen im Jahr 2009 haben sie Geburtstag? Schreibe in dein Heft.

Uhrzeiten

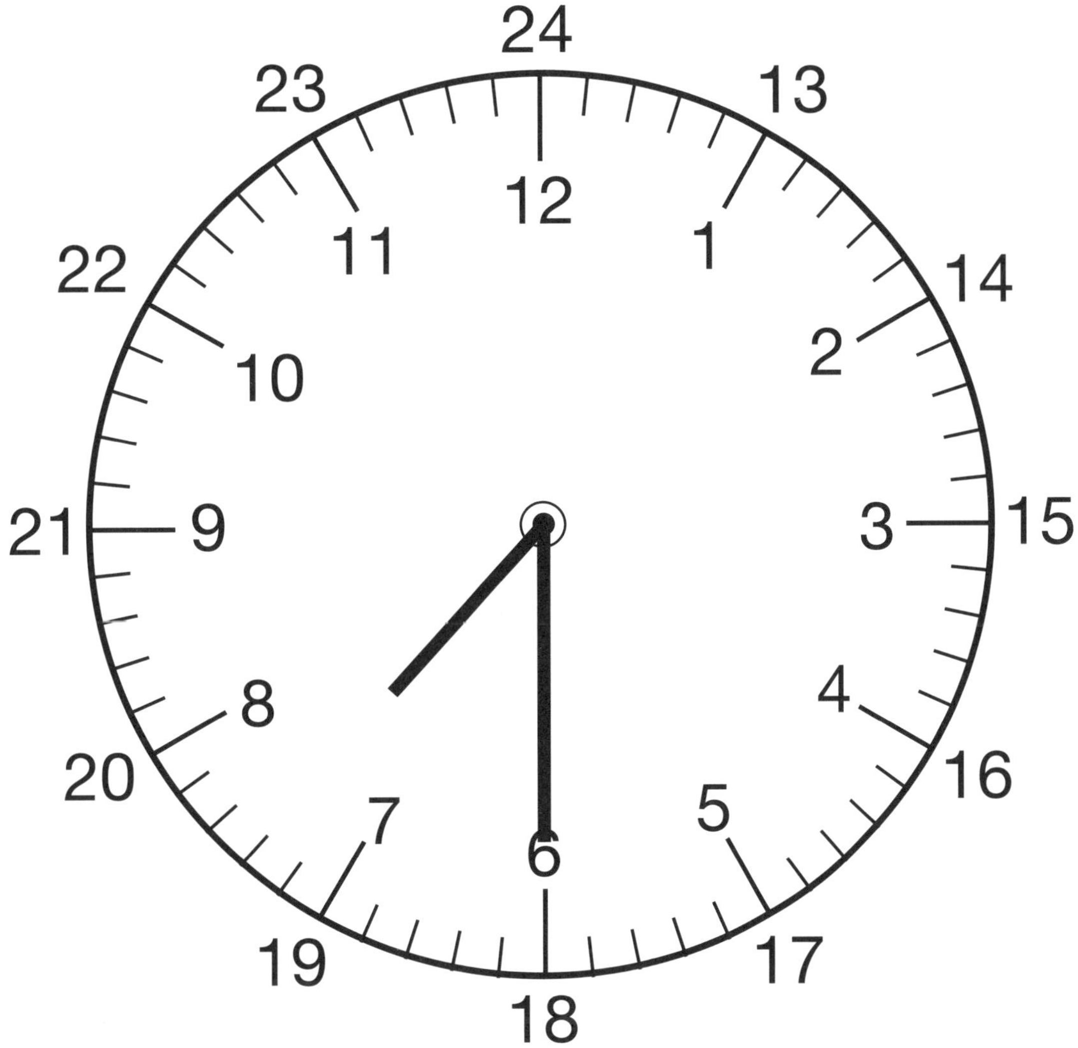

Man sagt:

7 Uhr dreißig oder halb acht

auf der Digitaluhr steht:

7:30 oder 19:30

Merke:

1 Stunde hat 60 Minuten (1 h = 60 Minuten)

Uhrzeiten

1. Was zeigt die Digitaluhr an?

a) b) c) d) e) f)

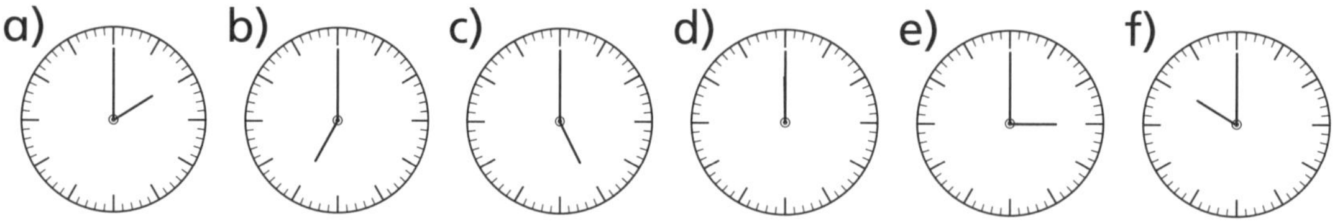

oder:

2. Zeichne die Zeiger richtig ein.

a) b) c) d) e) f)

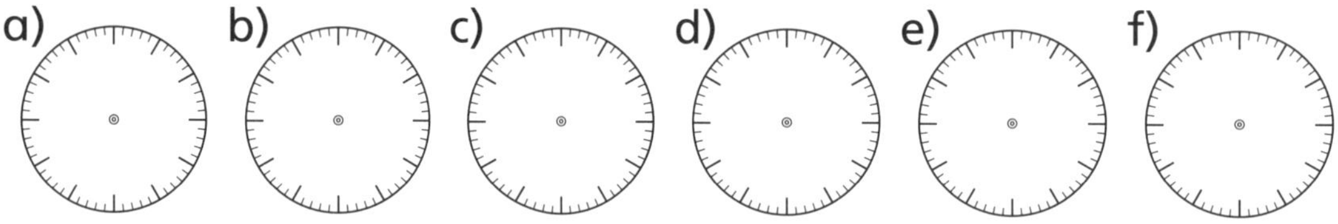

3 Uhr 18 Uhr 14 Uhr 7 Uhr 10 Uhr 24 Uhr

3. Wie viele Minuten fehlen bis zur nächsten vollen Stunde?

a) b) c) d)

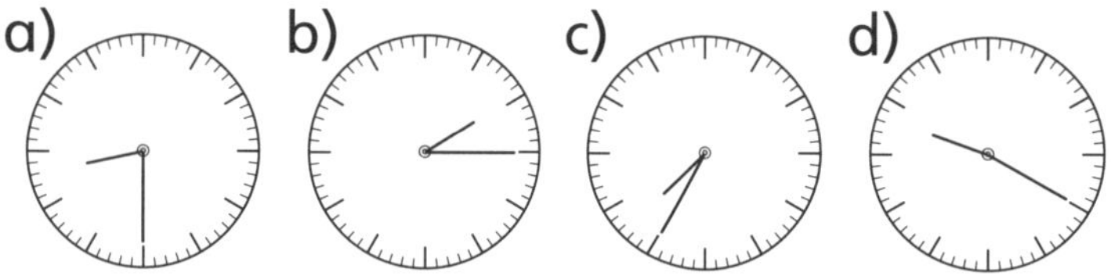

e) 16:25

f) 3:50

___ min ___ min ___ min ___ min ___ min ___ min

4. Wie viele Minuten sind vergangen?

	von	bis			von	bis	
a)	7:00	7:25	___ min	b)	8:10	8:30	___ min

5. Schreibe den Beginn und das Ende deiner Unterrichtsstunden in dein Heft.
Wie lange sind die einzelnen Pausen?

Uhrzeiten

1. Was zeigt die Digitaluhr an?

a) b) c) d) e) f)

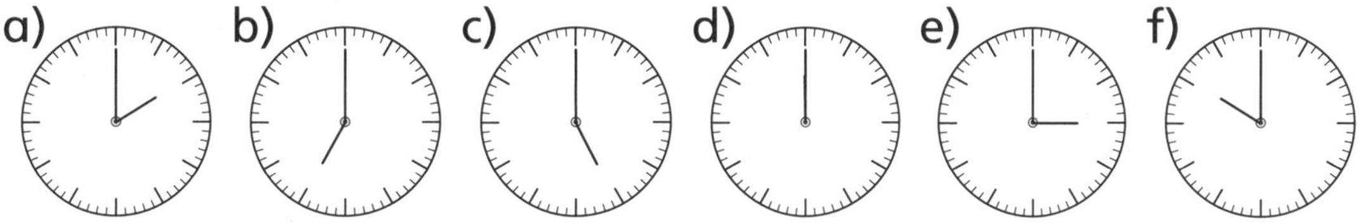

a)	b)	c)	d)	e)	f)
02:00	*07:00*	*05:00*	*12:00*	*03:00*	*10:00*
oder:					
14:00	*19:00*	*17:00*	*24:00*	*15:00*	*22:00*

2. Zeichne die Zeiger richtig ein.

a) b) c) d) e) f)

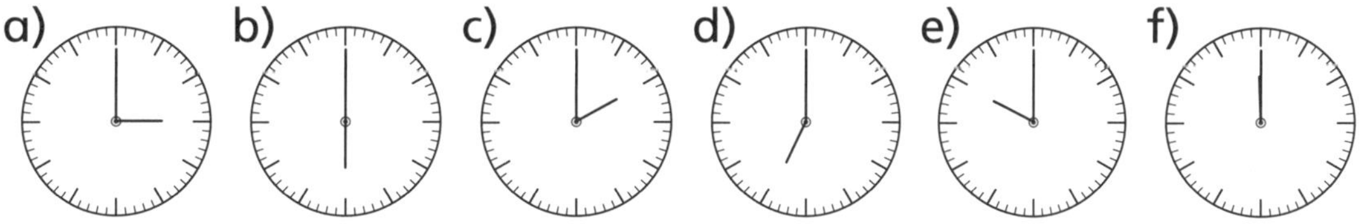

a)	b)	c)	d)	e)	f)
3 Uhr	18 Uhr	14 Uhr	7 Uhr	10 Uhr	24 Uhr

3. Wie viele Minuten fehlen bis zur nächsten vollen Stunde?

a) b) c) d)

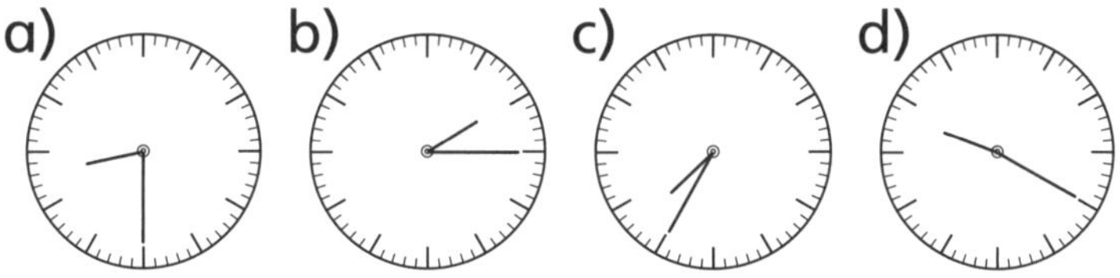

e) **16:25** f) **3:50**

a)	b)	c)	d)	e)	f)
30 min	*45* min	*25* min	*40* min	*35* min	*10* min

4. Wie viele Minuten sind vergangen?

	von	bis			von	bis	
a)	7:00	7:25	*25* min	b)	8:10	8:30	*20* min

5. Schreibe den Beginn und das Ende deiner Unterrichtsstunden in dein Heft.
Wie lange sind die einzelnen Pausen?

Rechengeschichten

Beispiel für eine Rechengeschichte:

Florian schießt mit dem Pfeil und Bogen insgesamt 20-mal. Davon trifft er 12-mal die Scheibe. Wie viel mal hat er nicht getroffen?

Rechengeschichten

1. Erzähle zwei Rechengeschichten zum Ritterfest.

a) ______________________________

____

____

b) ______________________________

____

____

2. Welche Beschreibung passt zum Ritterfest?
Kreuze die richtigen an.

- ☐ Fünf Knappen sitzen an einem Tisch und unterhalten sich.
- ☐ Zwei Ritter kämpfen mit dem Schwert gegeneinander. Sieben Kinder schauen zu.
- ☐ Es sind zwei Türme zu sehen. Auf beiden weht eine Fahne.
- ☐ Vier Kinder spielen zusammen Murmeln.
- ☐ Von den 10 Dosen beim Dosenwerfen hat der Junge sechs getroffen.
- ☐ Ein Becher Wasser kostet 1,20 €, eine Wurst 2 €.
- ☐ Es stehen mehr Leute an, um sich Würstchen zu kaufen als sich ein frisches Brot zu kaufen.
- ☐ Vier Kinder sind am Weinen.
- ☐ Vier Kinder stehen beim Bogenschießen an.

3. Zeichne selbst eine Rechengeschichte
(z. B. auf dem Jahrmarkt, im Freizeitpark).
Benutze ein Extrablatt.

Rechengeschichten

1. Erzähle zwei Rechengeschichten zum Ritterfest.

a) *individuelle Lösungen*

b)

2. Welche Beschreibung passt zum Ritterfest?
Kreuze die richtigen an.

- [ ] Fünf Knappen sitzen an einem Tisch und unterhalten sich.
- [x] Zwei Ritter kämpfen mit dem Schwert gegeneinander. Sieben Kinder schauen zu.
- [x] Es sind zwei Türme zu sehen. Auf beiden weht eine Fahne.
- [ ] Vier Kinder spielen zusammen Murmeln.
- [x] Von den 10 Dosen beim Dosenwerfen hat der Junge sechs getroffen.
- [ ] Ein Becher Wasser kostet 1,20 €, eine Wurst 2 €.
- [x] Es stehen mehr Leute an, um sich Würstchen zu kaufen als sich ein frisches Brot zu kaufen.
- [ ] Vier Kinder sind am Weinen.
- [x] Vier Kinder stehen beim Bogenschießen an.

3. Zeichne selbst eine Rechengeschichte
(z. B. auf dem Jahrmarkt, im Freizeitpark).
Benutze ein Extrablatt.

Frage – Rechnung – Antwort

Beispiel für eine Rechengeschichte:

In einem Eimer befinden sich 35 Nelken.

Es werden 12 Nelken verkauft.

Frage: Wie viele Nelken sind noch im Eimer?

Rechnung: 35 – 12 = ______

Antwort: Es sind noch ______ Nelken im Eimer.

Frage – Rechnung – Antwort

1. Welche Frage passt? Kreuze diese an.

- ☐ Wie alt ist die Verkäuferin?
- ☐ Wie viel Geld muss die Kundin zahlen?
- ☐ Wie viele Blumen sind zu sehen?
- ☐ Wie viele Rosen sind in dem einen Eimer weniger als in dem anderen Eimer?

2. Schreibe die passende Frage, Rechnung und Antwort auf.

a) Auf der Bank stehen vier Kartons.
In jedem Karton sind fünf Blumenstöcke.

Frage: ________________________________

Rechnung: ________________________________

Antwort: ________________________________

b) Sechs Nelken kosten 2,30 €.
Herr Konz möchte 12 Nelken kaufen.

Frage: ________________________________

Rechnung: ________________________________

Antwort: ________________________________

2. Erfinde weitere Sachaufgaben.
Schreibe diese in dein Heft auf.

Frage – Rechnung – Antwort

1. Welche Frage passt? Kreuze diese an.

- [ ] Wie alt ist die Verkäuferin?
- [ ] Wie viel Geld muss die Kundin zahlen?
- [ ] Wie viele Blumen sind zu sehen?
- [x] Wie viele Rosen sind in dem einen Eimer weniger als in dem anderen Eimer?

2. Schreibe die passende Frage, Rechnung und Antwort auf.

a) Auf der Bank stehen vier Kartons.
In jedem Karton sind fünf Blumenstöcke.

Frage: *Wie viele Blumenstöcke sind es?*

Rechnung: *4 • 5 = 20*

Antwort: *Es sind 20 Blumenstöcke.*

b) Sechs Nelken kosten 2,30 €.
Herr Konz möchte 12 Nelken kaufen.

Frage: *Wie viel muß er bezahlen?*

Rechnung: *2,30 € + 2,30 € = 4,60 €*

Antwort: *Er muß 4,60 € bezahlen.*

2. Erfinde weitere Sachaufgaben.
Schreibe diese in dein Heft auf.

Erkennen von Grundformen

Quadrat

Rechteck

Kreis

Dreieck

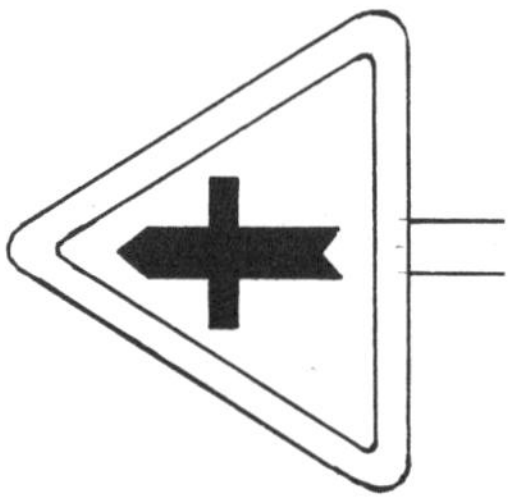

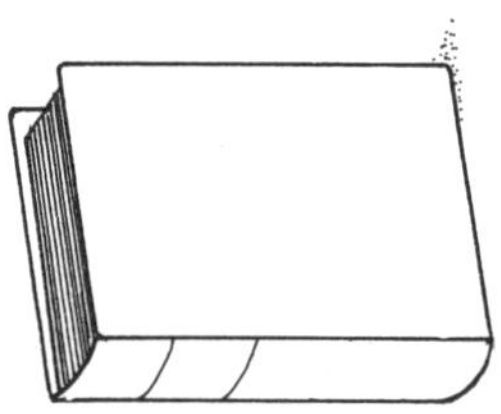

Erkennen von Grundformen

1. Wie viele Formen findest du?
Färbe  rot,  blau, 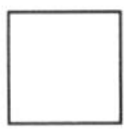 grün.
Achte dabei genau auf die Form!

		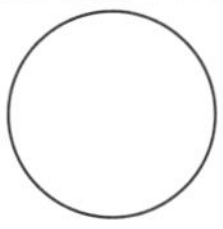	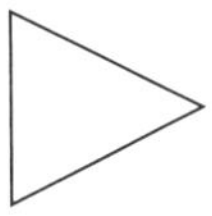	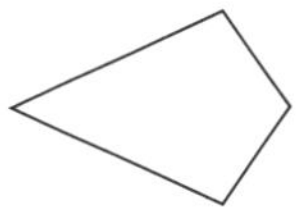	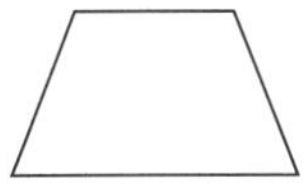	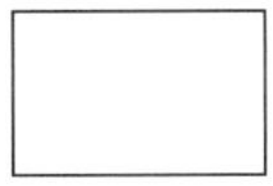
①						
②	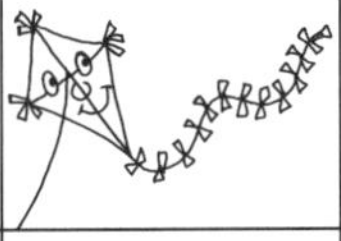					
③						
④						
⑤						
⑥						
⑦	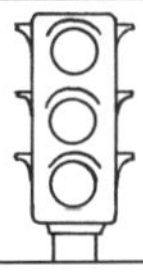					
⑧						
⑨						

2. Erfinde selbst Figuren, die aus den Formen aus Aufgabe 1 zusammengesetzt sind. Zeichne diese auf ein extra Blatt.

Erkennen von Grundformen

1. Wie viele Formen findest du?
Färbe △ rot, ○ blau, □ grün.
Achte dabei genau auf die Form!

		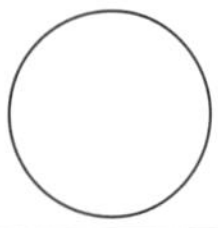	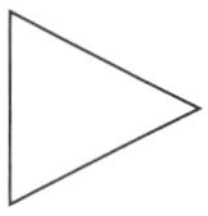	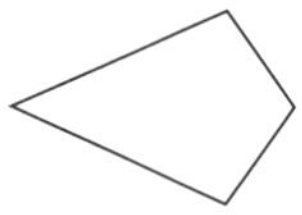	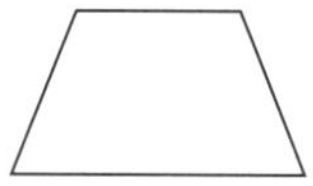	
①						
②	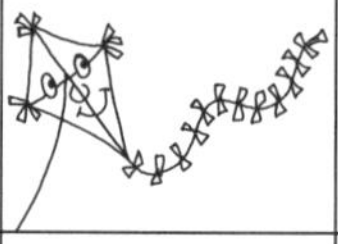					
③						
④						
⑤				*individuelle Lösungen*		
⑥						
⑦	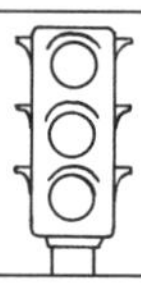					
⑧						
⑨						

2. Erfinde selbst Figuren, die aus den Formen aus Aufgabe 1 zusammengesetzt sind. Zeichne diese auf ein extra Blatt.

Flächen und Muster

Flächen

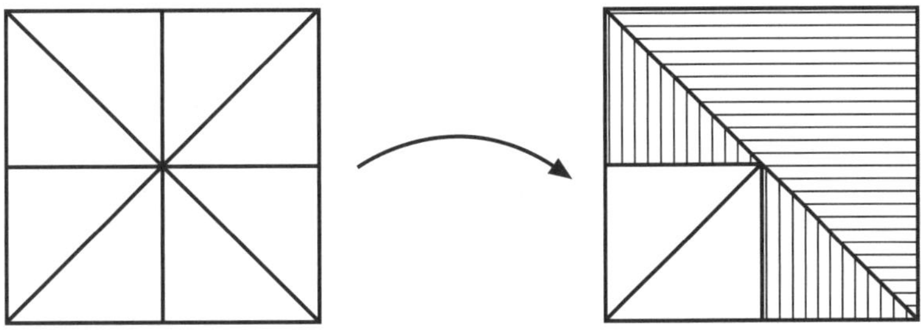

	Anzahl
Dreieck	*16*
Quadrat	*5*
Rechteck	*4*

Muster

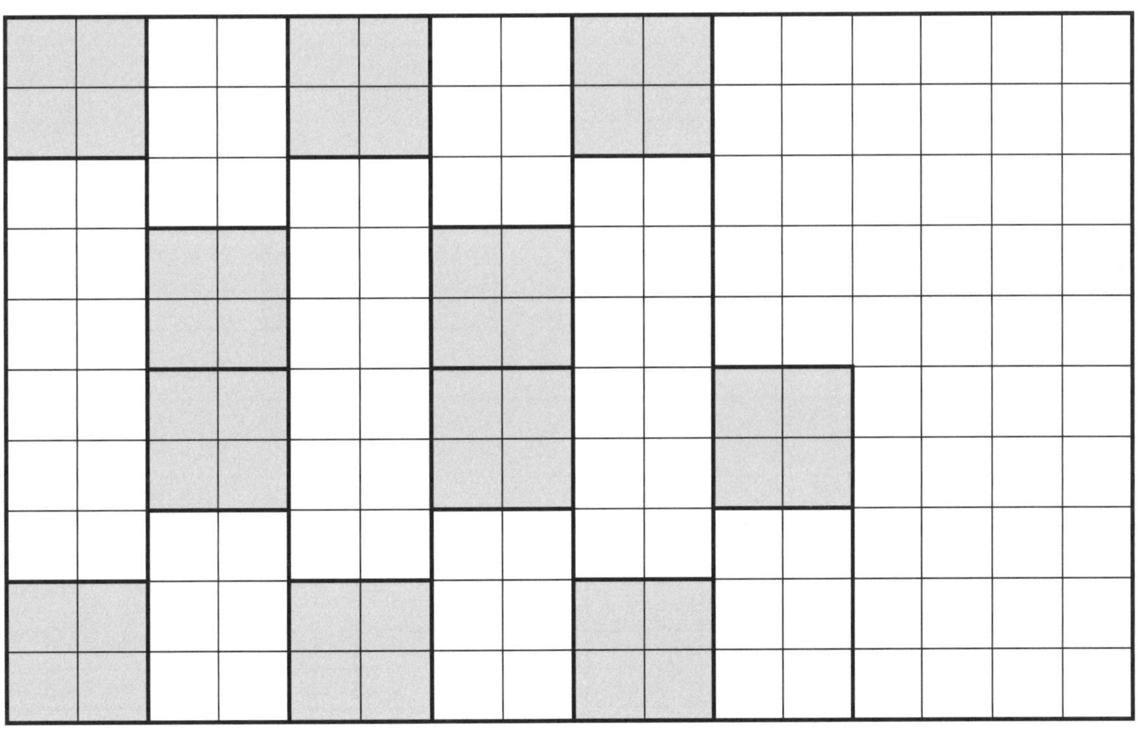

Flächen und Muster

1. Welche Formen erkennst du in den Figuren?
Schreibe die Anzahl in die Tabelle.

a)

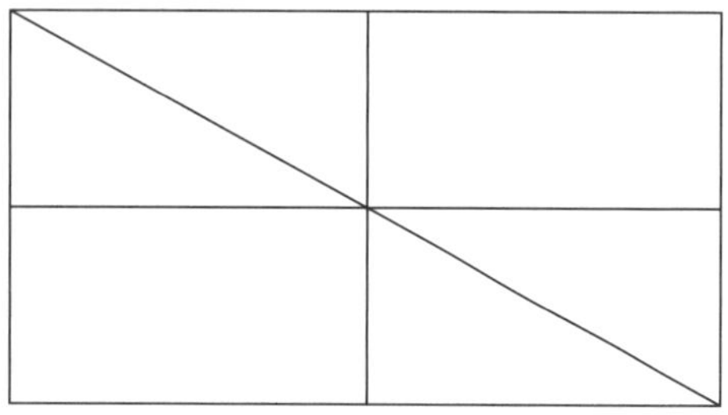

b)

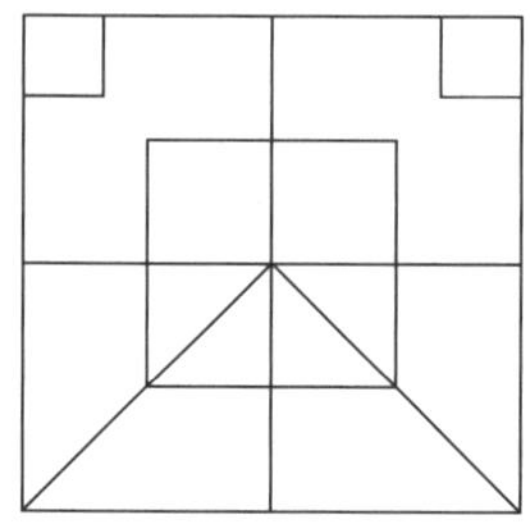

a)

	Anzahl
Dreieck	*6*
Quadrat	
Rechteck	

b)

	Anzahl
Dreieck	
Quadrat	
Rechteck	

2. Setze die Muster fort.

a)

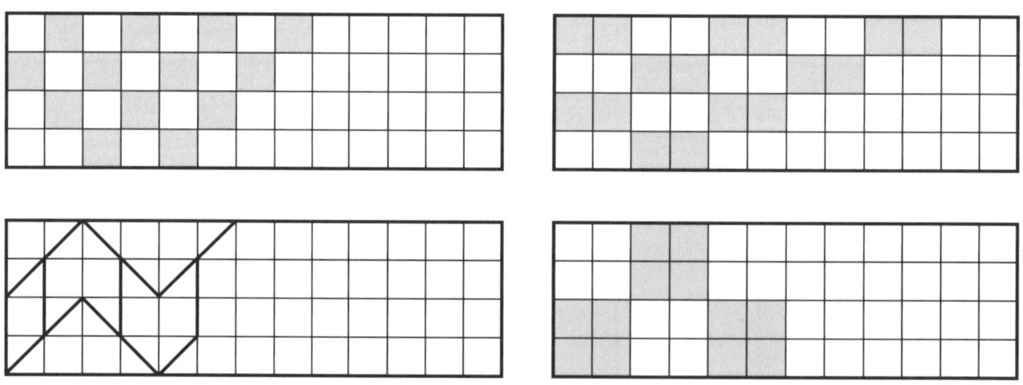

b)

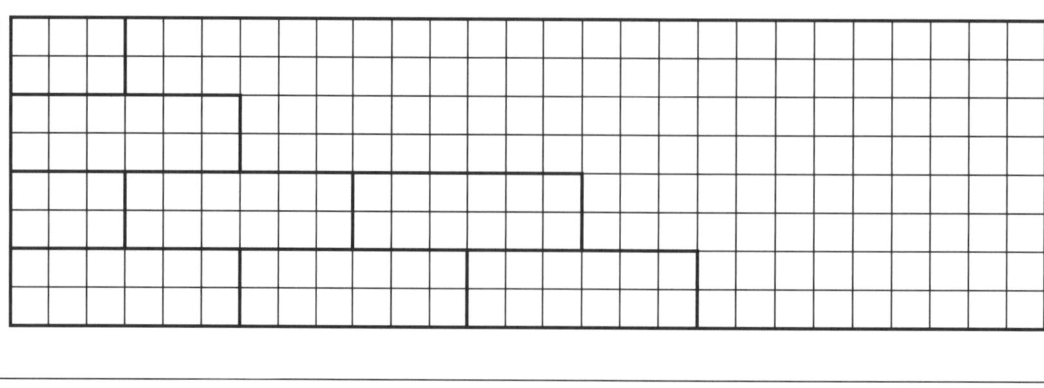

Flächen und Muster

1. Welche Formen erkennst du in den Figuren?
Schreibe die Anzahl in die Tabelle.

a)

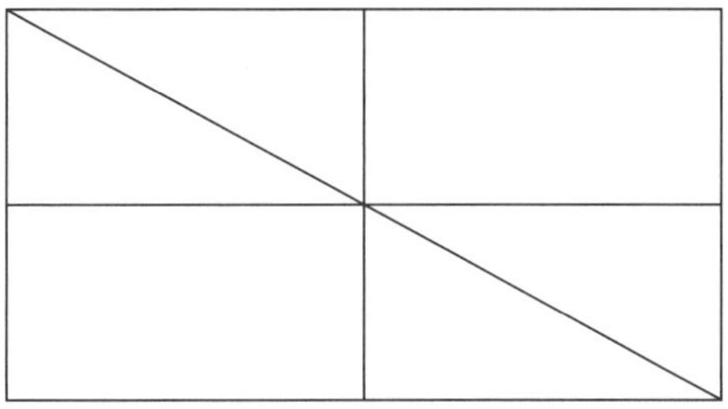

	Anzahl
Dreieck	*6*
Quadrat	*0*
Rechteck	*9*

b)

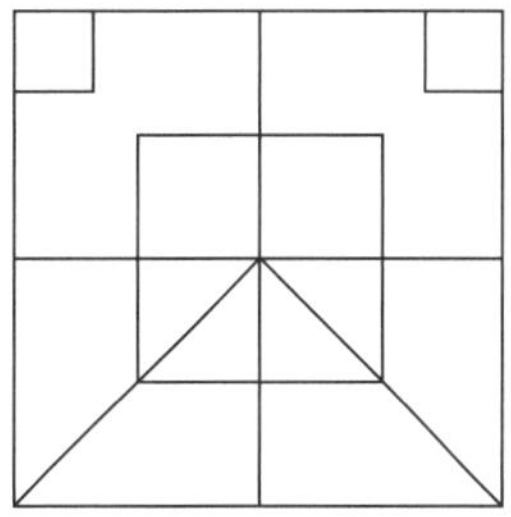

	Anzahl
Dreieck	*11*
Quadrat	*12*
Rechteck	*8*

2. Setze die Muster fort.

a)

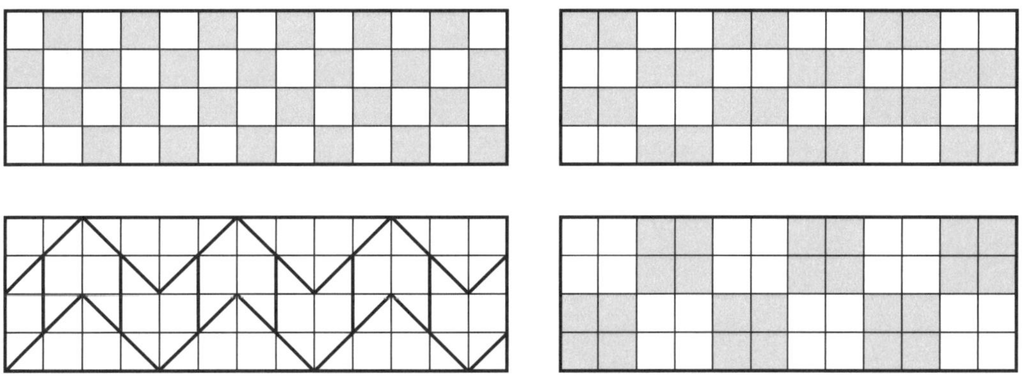

b)

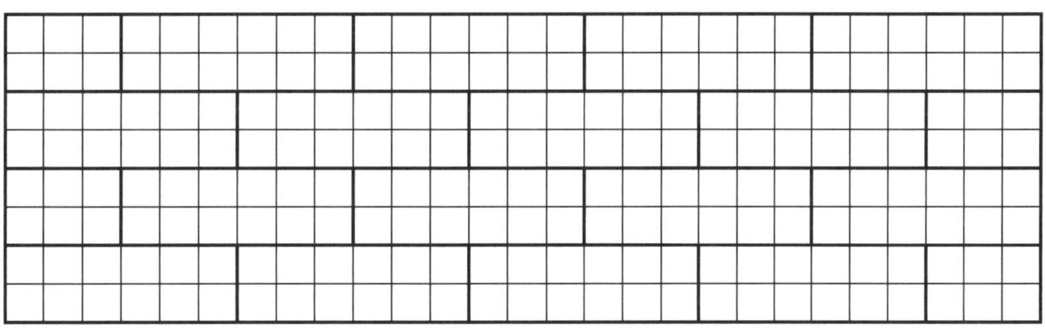

Zusammengesetzte Körper

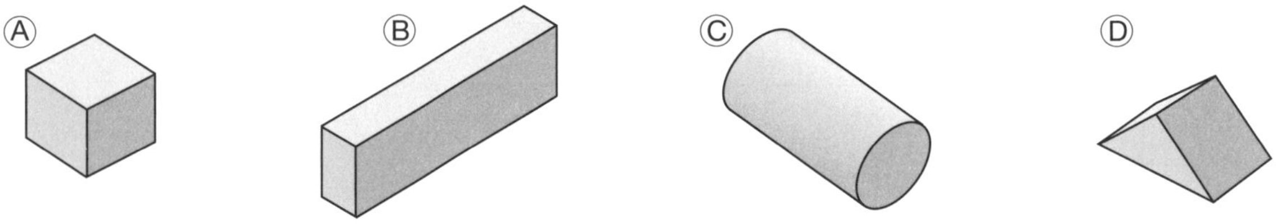

A	Würfel
B	
C	
D	Prisma

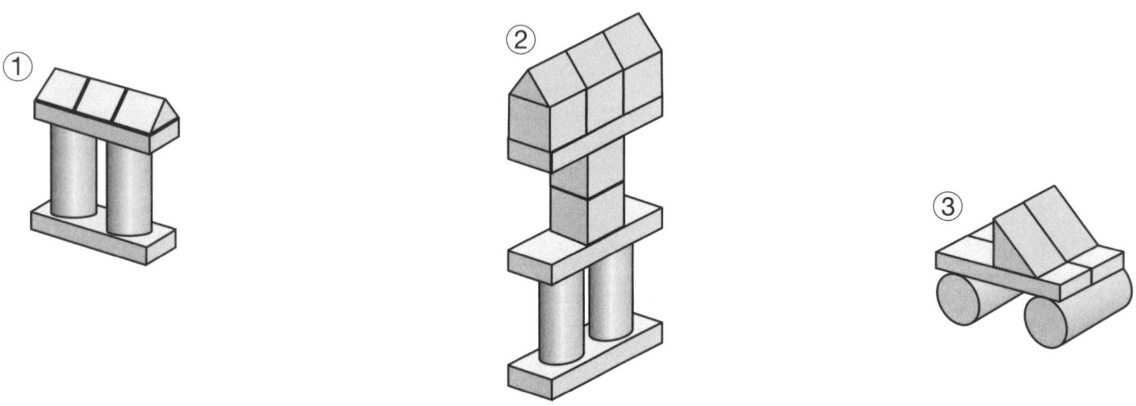

	Anzahl			
	A	B	C	D
1	*0*	*2*	*2*	*3*
2				
3				

Zusammengesetzte Körper

1. Aus welchen Körperformen wurden die Dinge gebaut?
Trage die Anzahl in die Tabelle ein.

Körperform	Anzahl bei 1	Anzahl bei 2	Anzahl bei 3
Würfel			
Quader			
Zylinder			
Kugel			
Prisma			
Pyramide			

1

2

3

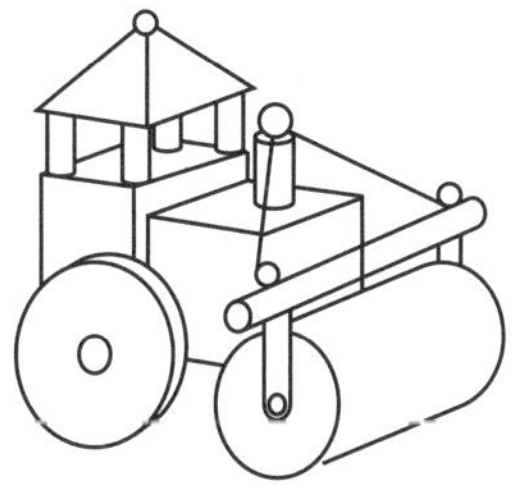

2. Schätze, wie viele Würfel zum Bau gebraucht werden.
Baue nach und zähle dann.

a)

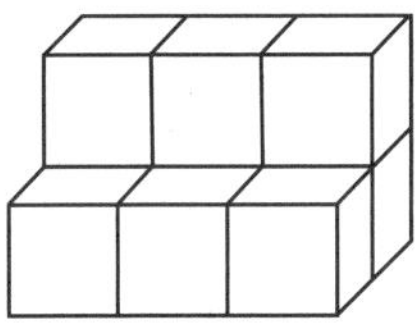

Geschätzt: _____

Gezählt: _____

b)

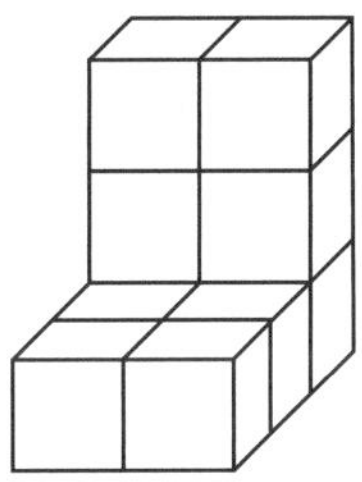

Geschätzt: _____

Gezählt: _____

c)

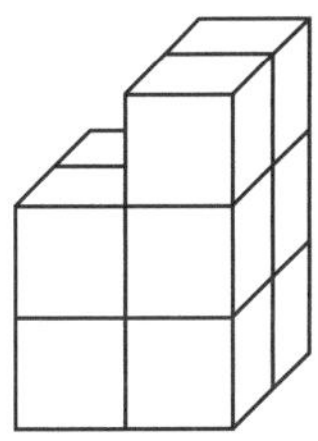

Geschätzt: _____

Gezählt: _____

d)

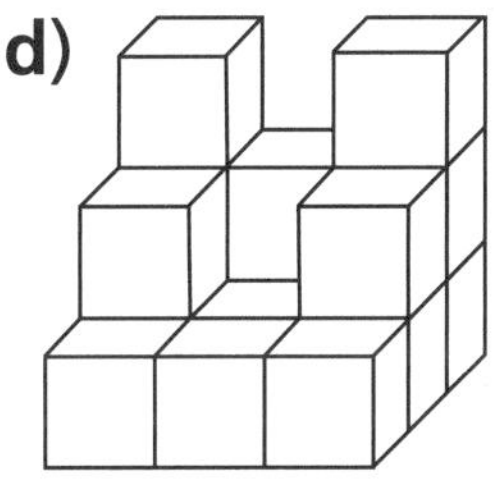

Geschätzt: _____

Gezählt: _____

3. Suche dir einen Partner. Gib ihm durch Worte Anweisungen, wie er bauen muss. Er darf nicht auf das Arbeitsblatt sehen!

a)

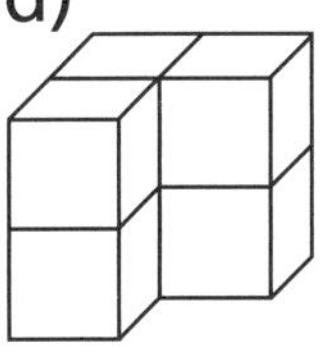

b)

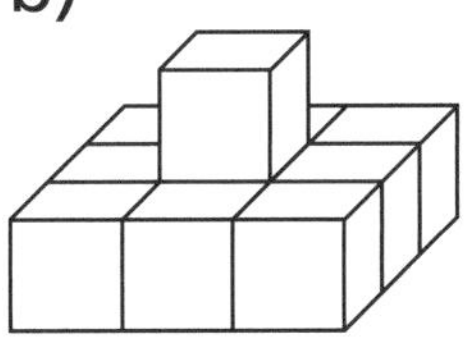

c)

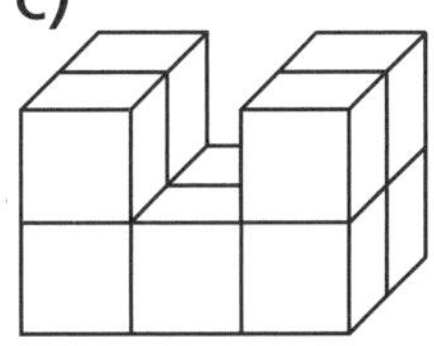

d)

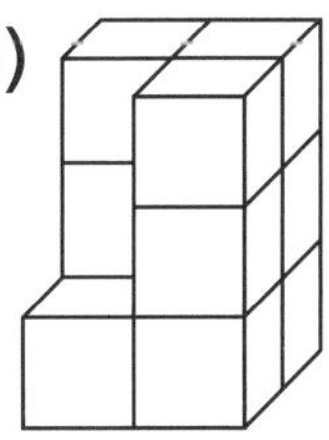

Zusammengesetzte Körper

1. Aus welchen Körperformen wurden die Dinge gebaut?
Trage die Anzahl in die Tabelle ein.

Körperform	Anzahl bei 1	Anzahl bei 2	Anzahl bei 3
Würfel	*2*	*1*	*1*
Quader	*6*	*3*	*1*
Zylinder	*3*	*8*	*9*
Kugel	*0*	*2*	*4*
Prisma	*5*	*0*	*0*
Pyramide	*0*	*1*	*1*

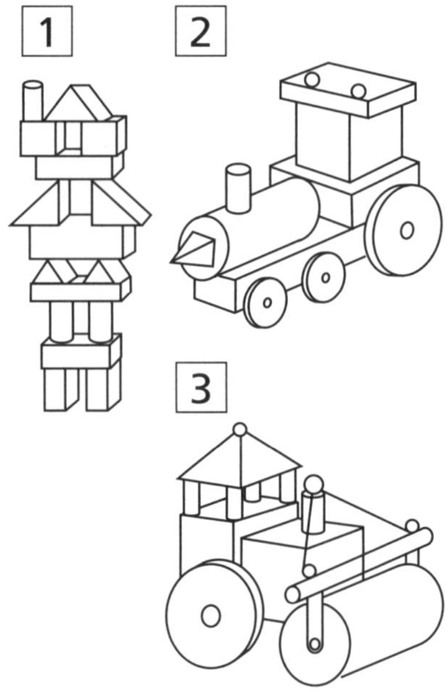

2. Schätze, wie viele Würfel zum Bau gebraucht werden.
Baue nach und zähle dann.

a) 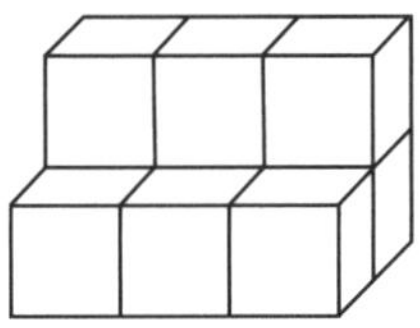

b) 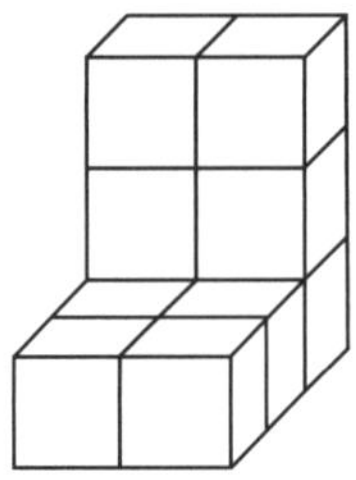

c) 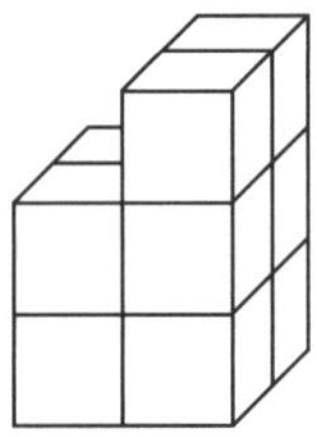

d) 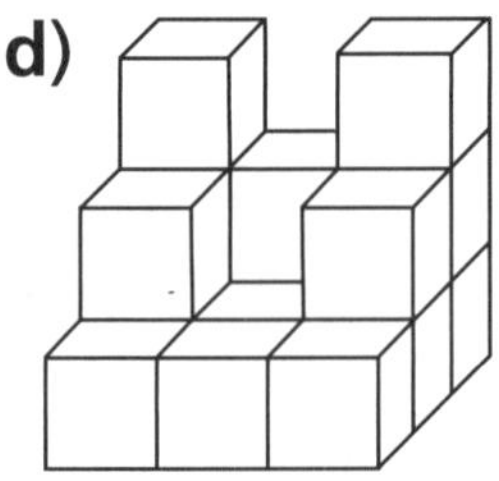

Geschätzt: ____	*Geschätzt:* ____	*Geschätzt:* ____	*Geschätzt:* ____
Gezählt: *9*	*Gezählt:* *10*	*Gezählt:* *10*	*Gezählt:* *16*

3. Suche dir einen Partner. Gib ihm durch Worte Anweisungen, wie er bauen muss. Er darf nicht auf das Arbeitsblatt sehen!

a) 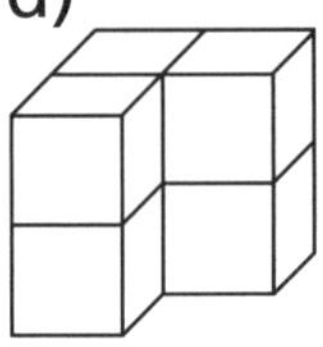

b) 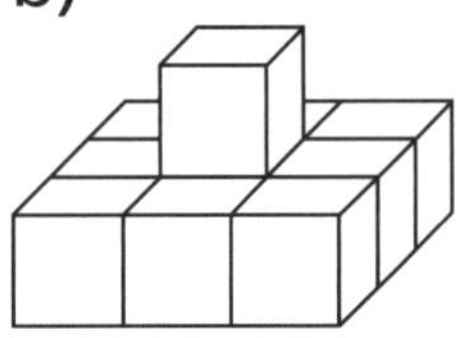

c) 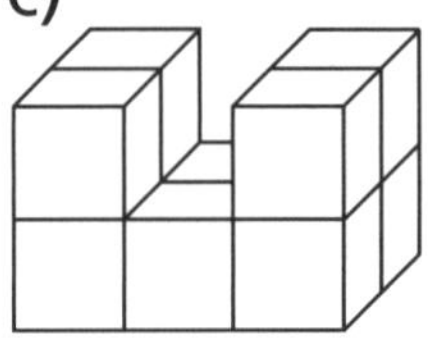

d) 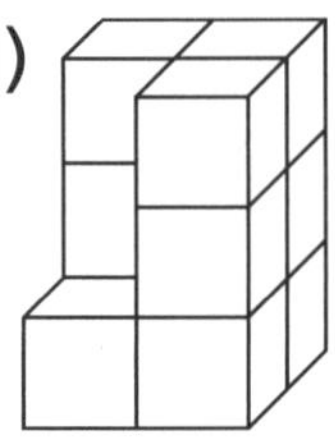